Feuerschutz in Fabriken

Wie kann der Feuerschutz in industriellen Anlagen
wirksam gestaltet werden?

Von

Maximilian Reichel †

Oberbranddirektor von Berlin

Herausgegeben von

Dr.-Ing. O. Sander

Oberbaurat der Hamburger Feuerwehr
Mitglied des Reichsvereins Deutscher
Feuerwehringenieure

Springer-Verlag Berlin Heidelberg GmbH
1925

ISBN 978-3-662-27250-3   ISBN 978-3-662-28736-1 (eBook)
DOI 10.1007/978-3-662-28736-1

Geleitwort.

Als der seit dem 1. April 1923 im Ruhestand gewesene langjährige Oberbranddirektor von Berlin, Maximilian Reichel, im Jahre 1924 seine Augen für immer schloß, da wußten nicht nur in Deutschland, sondern auch im Ausland die Feuerwehringenieure, daß ein Mann heimgegangen war, der über reiche Erfahrungen auf dem Gebiete des Feuerschutzes und der Feuerbekämpfung verfügte.

Sein ganzer Werdegang hatte es mit sich gebracht, daß er, der bei einer kleinen Feuerwehr angefangen hatte und im Laufe der Jahre bis zum Leiter der größten deutschen Feuerwehr emporgestiegen war, den gesamten deutschen Feuerschutzfragen als ein Wissender und Beachtungerheischender gegenüberstand.

Reichel verfügte auf Grund seiner jahrzehntelangen Tätigkeit über eine reiche Erfahrung, die er nicht nur auf der Brandstätte, sondern auch in der Ausübung der Feuerverhütung gesammelt hatte. Als er daher in den Ruhestand ging, war es verständlich, daß er diese reichen Erfahrungen nach besten Kräften der Großindustrie noch zur Verfügung stellen und auf diese Weise seinem Lebensberuf treubleiben wollte. Diese Tätigkeit als feuerwehrtechnischer Berater hat in ihm den Gedanken entstehen lassen, die auf dem Gebiete der Feuerverhütung in großen Betrieben gesammelten Erfahrungen seinen Berufskollegen und weiten Kreisen der Industrie zugänglich zu machen.

Aus diesen Erwägungen heraus sind die Grundlagen entstanden, auf denen das nachfolgende Werk sich aufbaut. Der unerbittliche Tod hat beim Schaffen dieses Werkes nur zu früh dem erfahrenen Manne die Feder aus der Hand genommen und sein Werk unvollendet und unfertig den Hinterbliebenen zurückgelassen.

Von dem Gedanken ausgehend, daß eine derartige Arbeit, in welcher reiche Erfahrungen und wertvolle Fingerzeige enthalten sind, der Nachwelt und den Kollegen des Entschlafenen nicht verlorengehen dürfe, haben die Angehörigen Reichels sich veranlaßt gesehen, den Unterzeichneten zu bitten, dieses Werk der Öffentlichkeit zu unterbreiten. Der Unterzeichnete glaubt, dem Wunsche der Angehörigen, die ihm versichert haben, daß auch hierdurch ein Wunsch des Verstorbenen erfüllt würde, sich nicht versagen zu dürfen, er hat daher die Arbeit Reichels für die Veröffentlichung vorbereitet.

Um dieses Werk Reichels richtig beurteilen zu können, wird folgendes zu beachten sein:

Als Reichel starb, war die Arbeit nahezu druckreif mit Ausnahme des letzten Schlußkapitels. Hier hatte Reichel nur Notizen und Handzettel hinterlassen, aus denen Schlußfolgerungen in bestimmter Richtung nur schwer zu erkennen waren. Mit Ausnahme des Schlußkapitels, das vom Unterzeichneten geschrieben ist, sind im übrigen die von Reichel hinterlassenen Ausführungen mit ganz geringen Änderungen für die Veröffentlichung übernommen. Die Eigenart des Werkes und die Reichelschen Gedankengänge sind hierdurch gewahrt und im Schlußkapitel als letzte Zusammenfassung, hoffentlich im Sinne des Verstorbenen, veröffentlicht.

Es liegt in der Natur der Sache, daß eine derartige Arbeit, an der sicher Reichel noch vielfach gefeilt und geändert haben würde, an manchen Stellen etwas Skizzenhaftes hat; immerhin liegen in den Ausführungen so wichtige und weitgehende wertvolle Erfahrungen, daß auch diese nur andeutungsweise gemachten Gesichtspunkte hinsichtlich der Feuerverhütung in Fabrikbetrieben wertvollstes Material für den modernen Feuerwehringenieur darstellen.

Reichel hat auf Grund dieser langjährigen Erfahrungen klar erkannt, daß es für den Nachwuchs unseres wissenschaftlichen Feuerwehringenieurstandes von großem Wert sein muß, wenn diesem die Erfahrungen eines bewährten Praktikers überliefert werden.

Bücher wie das Reichelsche werden Anregung und weitgehendste Beachtung bei den modernen Feuerwehringenieuren und Versicherungsgesellschaften finden müssen und auch in den Kreisen der Gewerbeaufsichtsbeamten, der Baupolizei und der technischen Betriebsleiter großer Werke ohne Zweifel sich viele Freunde erwerben.

Daß gerade dem Unterzeichneten nahegelegt ist, dieses von Reichel angefangene Werk der Öffentlichkeit zu übergeben, führt der Unterzeichnete darauf zurück, daß er manche Jahre mit Reichel im Vorstand des „Reichsvereins Deutscher Feuerwehringenieure" zusammengearbeitet hat und daher als Kenner Reichelschen Denkens auf dem Gebiete der Feuerverhütung angesprochen werden dürfte. Schließlich möchte er Herrn Dipl.-Ing. v. Düsterlho, z. Zt. Volontär der Hamburger Feuerwehr, für die Unterstützung beim Lesen der Korrektur danken.

In der Hoffnung, daß dieses Büchlein weiteste Verbreitung finden und damit eine wertvolle Ergänzung der auf dem Gebiete der Feuerverhütung nur spärlich vertretenen Literatur sein möge, wird es der Öffentlichkeit übergeben.

Dr.-Ing. O. Sander,
Oberbaurat der Hamburger Feuerwehr.

Inhaltsverzeichnis.

Einleitung.

Schwere Brände in industriellen Anlagen ereignen sich fast täglich. Nur wenige Menschen ahnen, welcher unermeßliche Schaden durch solche Brände dem Volksvermögen zugefügt wird. Die allgemein herrschende Ansicht, daß, wenn die zerstörten Anlagen versichert waren, kein erheblicher Schaden entstanden sei, ist irrig. Der von den Versicherungsgesellschaften ersetzte Schaden wird nur auf breitere Schultern verteilt; das vernichtete Gut an sich ist unersetzlich. Hierzu treten dann noch die Verluste, die bei jedem großen Brande infolge von länger dauernden Betriebsstörungen entstehen, und auch der Lohnausfall der brotlos gewordenen Arbeiter spielt eine Rolle insofern, als diese der Fürsorge der Gemeinden zur Last fallen.

Deutschland ist heute ein armes Land. Verluste der vorbezeichneten Art treffen es besonders schwer, denn Baulichkeiten, Maschinen, Rohmaterialien, Halb- und Fertigfabrikate haben gegen früher einen bedeutend höheren Wert.

Unter solchen Verhältnissen dürften alle beteiligten Stellen das größte Interesse daran haben, Brände in industriellen Anlagen nach Möglichkeit zu verhüten, und da, wo trotz aller Vorsichtsmaßnahmen ein Brand zum Ausbruch kommt, den entstehenden Schaden auf ein Mindestmaß zu beschränken.

Und wenn nun auch zuzugeben ist, daß die vorerwähnten beteiligten Stellen, wie Bau-, Feuer- und Gewerbepolizei, Feuerwehren sowie Feuerversicherungsgesellschaften bemüht sind, den Feuerschutz in industriellen Anlagen durch Erlaß von Sicherheitsvorschriften, durch Vornahme von Revisionen u. dgl. nach Kräften zu fördern, so muß es doch andererseits befremden, daß sich, wie eingangs erwähnt, fast täglich schwere Brände in industriellen Anlagen ereignen können.

Solange daher letzteres noch möglich ist, kann m. E. zur Zeit von einem „wirksamen" Feuerschutz in industriellen Anlagen im allgemeinen nicht gesprochen werden.

Es dürfte somit von Wichtigkeit sein, die Frage „Wie kann der Feuerschutz in industriellen Anlagen wirksam gestaltet werden?" einer eingehenden Prüfung zu unterziehen.

Als wichtige Grundlage für eine solche Prüfung käme zunächst die Untersuchung der Brandschadenstatistik für industrielle Anlagen in Betracht. Alsdann wäre festzustellen, ob die von den Behörden getroffene Fürsorge gegen Feuersgefahr in industriellen Anlagen sowohl hinsichtlich der Feuerverhütung als auch der Feuerbekämpfung genügt, und, falls nicht, wäre zu untersuchen, ob und in welcher Weise der Brandschutz in industriellen Anlagen wirksamer gestaltet werden könnte.

In der einschlägigen Fachliteratur findet sich, soweit ich feststellen konnte, nur eine Abhandlung von Elsner aus dem Jahre 1909, die sich speziell mit dem „Feuerschutz für Fabriken" beschäftigt. Sehr wertvoll, auch für den Feuerwehrfachmann, ist ferner das 1923 in dritter Auflage erschienene Buch von Henne „Einführung in die Beurteilung der Gefahren bei der Feuerversicherung von Fabriken und gewerblichen Anlagen".

So kärglich die Frage des Feuerschutzes in industriellen Anlagen in der Feuerwehrfachliteratur behandelt worden ist, so ausgiebig finden fortgesetzt Erörterungen über diesen Gegenstand in der Feuerwehrfachpresse statt. Es handelt sich jedoch meistens um Sonderfragen. Eine erschöpfende, zusammenhängende Erörterung dieser Materie ist auch in der Fachpresse nicht zu finden.

A. Brandschadenstatistik.

I. Bedeutung der Brandschadenstatistik.

Eine sachgemäße, auf möglichst breiter Grundlage und für einen längeren Zeitraum geführte Brandschadenstatistik ist für die im Interesse des Feuerschutzes industrieller Anlagen zu treffenden Sicherheitsmaßnahmen von größter Bedeutung. Die Führung solcher Statistiken ist recht schwierig. Vor allem muß verlangt werden, daß die Statistik zuverlässig ist; andernfalls hat sie keinen Wert. Erschwerend kommt bei den industriellen Anlagen noch hinzu, daß die Industrie sehr vielseitig ist; es müßte eine größere Anzahl von Gruppen gebildet werden. Ferner wäre es notwendig, außer den entstandenen Schäden auch den Wert — Versicherungssumme — des bedrohten Objektes zu kennen, um in der Lage zu sein, Vergleiche anzustellen. Ganz besonderer Wert aber müßte auf die Angabe der Brandursachen gelegt werden.

Die großen Privatfeuerversicherungsgesellschaften führen zwar für ihre eigenen Zwecke — Tarifbildung — genaue Statistiken, die allen vorgenannten Anforderungen entsprechen, die jedoch weiteren Kreisen nicht zugänglich sind. Die öffentlichen Feuerversicherungsanstalten haben in dem Jahre 1910 begonnen, eine eingehende Statistik über Brandschäden in industriellen Anlagen zu führen, doch reicht diese Statistik nur bis zum Jahre 1916, auch fehlen in ihr die Entstehungsursachen.

Unter diesen Verhältnissen ist es unmöglich, die Höhe der alljährlich in industriellen Anlagen dem Volksvermögen durch Brände verlorengehenden Gesamtbeträge auch nur annähernd zu ermitteln. Auf „Schätzungen", wie solche hier und da von Nichtversicherungsfachmännern in oft recht kühner Weise vorgenommen werden, möchte ich verzichten. Die Betreffenden übersehen bei ihren Vergleichen, daß die Kriegsjahre 1914—18 als normal nicht angesehen werden können, denn unter anderem war z. B. der größte Teil der männlichen Bevölkerung, auf den zweifellos die Entstehung zahlreicher Brände zurückzuführen ist, eingezogen. Sie übersehen ferner, daß sich Deutschland immer mehr zum Industriestaate ausgebildet hat, und daß sich infolgedessen auch Zahl und Umfang von Bränden in industriellen Anlagen vermehrt haben.

Schließlich übersehen sie bei ihren kühnen Vergleichen und Folgerungen auch die nach dem Kriege eingetretene Geldentwertung. Wenn z. B. im Jahre 1921 auf 1000 M. Versicherungssumme 1,37 M. Schaden entfallen, so kann dies nicht ohne weiteres mit den entsprechenden Zahlen des Jahres 1904 usw. verglichen werden. Es müßte in jedem Falle erst eine Umrechnung auf den jeweiligen Goldwert stattfinden.

Trotz der schwierigen Verhältnisse will ich versuchen, aus ermittelten Teilergebnissen, die einen Anspruch auf Zuverlässigkeit haben, darzulegen, wie dringend notwendig eine wirksamere Gestaltung des Feuerschutzes in industriellen Anlagen ist. Hierzu erscheint es notwendig, die Tätigkeit der Behörden und Feuerversicherungsverbände, die sich mit der Aufstellung von Brandstatistiken beschäftigen, eingehender zu würdigen. In Betracht kommen das Statistische Reichsamt, das Preußische statistische Landesamt, der Verband der öffentlichen Feuerversicherungsanstalten in Deutschland, der Verband Deutscher Privatfeuerversicherungsgesellschaften und das Reichsaufsichtsamt für Privatversicherungen.

II. Behörden und Verbände der Feuerversicherungen, die sich mit Brandschadenstatistik beschäftigen.

1. Das statistische Reichsamt. Das im Jahre 1872 errichtete statistische Reichsamt hat die Aufgabe, das ihm zufließende statistische Material zu sammeln, zu prüfen, technisch und wissenschaftlich zu bearbeiten und die Ergebnisse geeignetenfalls zu veröffentlichen. Letzteres geschieht seit 1880 in dem jährlich erscheinenden „Statistischen Jahrbuch für das Deutsche Reich". Die Brandstatistik wird unter Abschnitt XVI, Versicherungswesen, auf Grund der in den „Mitteilungen für die öffentlichen Feuerversicherungsanstalten" und den „Mitteilungen des Reichsamtes für Privatversicherungen" enthaltenen Statistiken behandelt. Bei dem Umfange des von dem Reichsamt zu bearbeitenden Materials, das sich auf mehr als 60 Gebiete erstreckt, können naturgemäß Angaben auch über die Brandstatistik nur in allerknappester Form gemacht werden.

Nachstehende statistische Übersicht bezüglich des Versicherungsbestandes und der Schadenvergütung bei den öffentlichen Feuerversicherungsanstalten habe ich aus den einzelnen Jahrgängen zusammengestellt. Spezielle Angaben über Brandschäden in industriellen Anlagen enthält diese Übersicht nicht, da das „Statistische Jahrbuch" eine entsprechende Trennung nicht vornimmt.

Aus der Übersicht ist zu ersehen, daß die Versicherungssummen, auch bis zum Jahre 1913, in stetem Steigen begriffen sind. Die Schadenvergütungen weisen bis zu diesem Jahre trotz mancher Schwankungen

Öffentliche Feuerversicherungsanstalten.

Jahr	Versicherungs-bestand in Millionen Mark	Schadenvergütungen in Millionen Mark	Schadenvergütungen auf 1000 M. der mittleren Versicherungssumme Mark
1905	60766	52	0,89
1906	63480	60	0,97
1907	66448	58	0,90
1908	69478	67	0,99
1909	72377	62	0,88
1910	75626	62,9	0,86
1911	78963	87	1,13
1912	82504	76	0,95
1913	86356	78	0,93
1914	88876	68,7	0,78
1915	90913	49	0,54
1916	93183	40	0,43
1917	99336	63	0,66
1918	112569	64	0,61
1919	127644	86,6	0,73
1920[1])	208477	173	1,04

ebenfalls eine steigende Tendenz auf. Letzteres trifft auch für das Verhältnis der Schadenvergütung zu den Werten, den Versicherungssummen, zu. Auffallend ist die Tatsache, daß die Schadenvergütungen und ihr Verhältnis zu den Werten während der Kriegsjahre erheblich gesunken sind. Auf die hierfür maßgebend gewesenen Gründe wird nachfolgend bei A II 5 noch näher eingegangen werden.

Leider enthalten die „Statistischen Jahrbücher" keine ähnlichen Angaben über die Privatversicherung.

2. **Das Preußische statistische Landesamt.** Von dem Preußischen statistischen Landesamt wurde bisher eine sehr eingehende Brandstatistik über Zahl und Höhe der Brandschäden sowie über die Brandursachen, und zwar getrennt nach Städten und auf dem Lande, geführt. Leider sind aber die in industriellen Anlagen stattgehabten Brandschäden nicht gesondert behandelt worden. Die Angaben finden sich zwar in den dem statistischen Landesamt eingereichten Brandzählkarten, so daß eine nachträgliche Feststellung wohl möglich wäre, doch muß hiervon wegen der damit verbundenen sehr großen Arbeit abgesehen werden.

Trotzdem sollen nachstehend die in den Jahren 1909—1921 in Preußen stattgehabten Brandschäden angegeben werden, da die Brandschäden in industriellen Anlagen erfahrungsgemäß einen hohen Prozentsatz der Gesamtschäden ausmachen.

---

[1]) Angaben über die Jahre 1921 und folgende sind noch nicht veröffentlicht worden.

Jahr	Wert des Sachschadens in 1000 M.			Bemerkungen
	In den Städten	Auf dem Lande	Zusammen	
1909	37787	61749	99536	1. Die durch Kriegsereignisse in den Jahren 1914—1918 verursachten Schäden sind in den Zahlen nicht enthalten.
1910	34719	64692	99411	
1911	52660	88105	140765	
1912	40334	70044	110378	
1913	40986	79170	120156	2. Vom Jahre 1909 ab sind Brände mit Schäden unter 3 M., vom Jahre 1913 ab solche mit Schäden unter 10 M. und vom Jahre 1916 ab solche mit Schäden unter 100 M. nicht ermittelt worden.
1914	34944	66469	101413	
1915	38642	53462	92104	
1916	26676	41717	68393	
1917	53241	77790	131031	
1918	43478	87418	130896	
1919	94986	86055	181041	
1920	195198	244948	440147	
1921	399407	509251	908658	

Aber auch diese Zusammenstellung muß mit großer Vorsicht ausgewertet werden. Maßgebend sind wieder nur die Jahre 1909—1913. Von 1917 ab macht sich in immer steigendem Maße die Inflation geltend.

Auf die Ergebnisse der Brandursachenstatistik kann hier nicht eingegangen werden. Für 1920 und 1921 erscheinen in der Statistik die „Brandursachen" noch, aber in verkürzter Form. So werden z. B. nur noch „Explosionen" vermerkt, ohne Unterabteilungen. Die Rubriken „erwiesen" und „gemutmaßt" fallen ebenfalls fort. Eine solche Statistik der Brandursachen ist wertlos.

Für 1922 und 1923 werden Brandschäden wegen der Inflation nicht mehr angegeben.

Von 1924 ab sollen Schäden nur noch von 10 GM. und darüber angegeben werden, aber — nur soweit die Polizeibehörden Kenntnis von Brandschäden erhalten, denn durch Gesetz vom 13. Dezember 1923 ist die bisher gültige Bestimmung, daß die Auszahlung der fällig gewordenen Brandentschädigung von der Vorlage einer amtlichen Unbedenklichkeitsbescheinigung abhängig war, aufgehoben worden. Nach einem Erlaß des Preußischen Ministers des Innern vom 26. April 1924 sind bis auf weiteres über die zur Kenntnis der Polizeibehörden kommenden Brände Zählkarten auszufüllen und in üblicher Weise an das Preußische statistische Landesamt weiterzuleiten, bei denen der Schaden 10 GM. und mehr betragen hat. Der Herr Minister wünscht geeignete Vorkehrungen dafür zu treffen, daß möglichst kein derartiger Brandschaden der Kenntnis der Polizeibehörden entgeht.

Solche geeigneten Vorkehrungen werden sehr schwer zu treffen sein, nachdem der gesetzliche Zwang zur Meldung des Brandschadens aufgehoben worden ist. So wird auch die von dem Preußischen statistischen Landesamt bisher geführte Statistik über Zahl und Schäden in Stadt und Land unzuverlässig. Leider wird die Führung einer Brandstatistik vielfach noch als überflüssig betrachtet, und doch bildet sie, wie bei A 1 ausgeführt, die einzige Grundlage, um energische Maßnahmen gegen schwere Verluste am Volksvermögen zu treffen.

3. **Verband der öffentlichen Feuerversicherungsanstalten in Deutschland.** Der Verband hat in den Jahren 1910—1916 eine sehr eingehende Statistik über Brandschäden in industriellen Anlagen geführt. Die Statistik zerfällt in 14 Gruppen: Metallverarbeitung, Maschinen-, chemische, Textil-, Papier-, Leder-, Holzindustrie usw. Der Gesamtschaden für die obengenannte Zeit hat, wie aus der nachfolgenden Zusammenstellung hervorgeht, 42,25 Mill. M. betragen.

Fabrikbetriebe.

Jahr	Höhe der Brandschäden Mark
1910	1 534 927
1911	8 496 691
1912	6 915 077
1913	6 758 372
1914	5 600 545
1915	6 742 331
1916	6 207 760

Der Betrag von 42,25 Mill. stellt überwiegend nur anteilige Schäden dar, auch haben sich die öffentlichen Feuerversicherungsanstalten, die ja keine Erwerbsgesellschaften sind, vor und während des Krieges wenig an der Versicherung industrieller Risiken beteiligt. Bei der Beurteilung der Höhe des Gesamtschadens kommt ferner in Betracht, daß namentlich in dem ersten Jahr der Aufnahme der Statistik von einzelnen Anstalten keine oder doch nur unvollständige Angaben gemacht worden sind.

Unter diesen Umständen kann die Statistik der öffentlichen Feuerversicherungsanstalten nur einen kleinen Teilausschnitt der in industriellen Anlagen durch Brand entstandenen Verluste darstellen. Zu bemerken ist noch, daß das für die Jahre 1910—1916 vorliegende statistische „Material" genaue Angaben über die Entstehungsursachen der in industriellen Anlagen stattgehabten Brände enthält. Es ist jedoch nicht ausgewertet worden; die ungünstigen wirtschaftlichen Verhältnisse zwangen zu größter Sparsamkeit. Allerdings soll die Absicht bestehen, die statistischen Arbeiten nach Eintritt normaler Verhältnisse wieder aufzunehmen. Gegenwärtig besteht noch keine normale Versicherung. Viele Betriebe sind auch jetzt noch unversichert oder unterversichert. Geldknappheit und übermäßige Konkurrenz lassen zunächst keine normale Versicherung aufkommen.

4. **Verband Deutscher Privatfeuerversicherungsgesellschaften.** Die von den Mitgliedern des Verbandes der Geschäftsstelle gemeldeten und in den „Mitteilungen des Verbandes" vierteljährlich veröffentlichten

Übersichten über stattgehabte Brandschäden können ebenfalls keinen Anspruch auf Vollständigkeit machen. Es war mir auch nur möglich, von dem Jahre 1912 ab, aus den Übersichten die gemeldeten Brandschäden in industriellen Anlagen zu ermitteln, da für 1911 und weiter zurück bei den Schadensfällen vielfach nur angegeben wird: „Totalschaden“, „Niedergebrannt“, „Werk wurde ein Raub der Flammen“ u. dgl. Erst von 1912 ab werden bei jedem gemeldeten Brandfalle auch die Schadensziffern angegeben. Für das zweite Halbjahr 1917 und für das ganze Jahr 1918 fehlen die Übersichten, doch ließen sich Zahl und Höhe der Brandschäden jener Zeit aus späteren in den „Mitteilungen“ enthaltenen Berichten über das Feuerversicherungsgeschäft in den fraglichen Jahren nachträglich zusammenstellen.

Nachweisung der in industriellen Anlagen in den Jahren 1912 bis 1921 stattgehabten „großen Brandschäden“, d. h. solchen über 100000 M.

Jahr	Zahl der Brandschäden	Gesamtschaden in Millionen Mark
1912	152	42,82
1913	124	36,66
1914	105	29,86
1915	116	35,93
1916	91	28,20
1917	197	107,80
1918	196	89,80
1919	214	113,07
1920	330	296,90
1921	651	498,50

Wenn nun die vorstehende Nachweisung auch nur wieder einen kleinen Ausschnitt aus den in den Jahren 1912—1921 tatsächlich entstandenen Brandschäden in industriellen Anlagen darstellt, denn die gezahlten Entschädigungen der vielen anderen, auch der ausländischen Gesellschaften, der Gegenseitigkeitsvereine, sowie die Verluste der Nichtversicherten, der Unterversicherten, der Selbstversicherer usw. sind in ihr nicht enthalten, so rechtfertigt die Nachweisung doch immerhin schon den dringenden Wunsch, der Frage eines wirksamen Feuerschutzes in industriellen Anlagen ernsteste Beachtung zu schenken, stellt doch dieser kleine „Ausschnitt“ bereits einen hohen Verlust am Volksvermögen infolge von Bränden in industriellen Anlagen dar, wobei noch besonders darauf hinzuweisen ist, daß es sich nur um Brandschäden von über 100000 M. handelt.

Eine weitere Ermittlung der Brandschäden über das Jahr 1921 hinaus mußte unterbleiben, da die Geldentwertung in der Folge sprunghaft derart zunahm, daß die Führung einer Statistik wertlos wurde. Die Feuerversicherungsgesellschaften müssen, nachdem wieder stabile Währungsverhältnisse eingetreten sind, mit der Statistik von vorne anfangen.

Ich will nun die vorstehende Nachweisung kurz erläutern, da sie als einziges die Großschäden in industriellen Anlagen für die Jahre 1912—1921 verzeichnet.

Die Jahre 1912 und 1913 können als „normal" angenommen werden. Von besonderem Interesse sind die Kriegsjahre 1914—1918. Die zu Kriegsbeginn gehegte Besorgnis, daß die Brände zunehmen würden, bestätigte sich zunächst nicht. Zahl und Schadenshöhe der Brände in industriellen Anlagen blieben sogar im Jahre 1914 gegen 1913 etwas zurück. In der Hauptsache ist dies wohl auf das durch den Krieg erhöhte Interesse an der Erhaltung des Eigentums, die Abwesenheit eines großen Teiles der männlichen Bevölkerung und die während des Kriegszustandes angedrohte Ahndung von Brandstiftungen (gegebenenfalls Todesstrafe) zurückzuführen.

Zu bemerken ist hier noch, daß nach § 84 des Versicherungsvertragsgesetzes vom 30. Mai 1908 „Kriegsschäden" von der Haftung ausgeschlossen sind.

Das erste volle Kriegsjahr — 1915 — gestaltete sich etwas ungünstiger als das Vorjahr. Die Großschäden in der Industrie mehren sich. Es gewinnt den Anschein, als ob die Waren, Vorräte, Maschinen u. a. nicht überall so beschützt werden, wie dies gerade in Kriegszeiten unbedingt notwendig ist. An der Verbesserung des Feuerschutzes in Kriegsbetrieben wird jedoch unablässig gearbeitet, so daß das zweite volle Kriegsjahr — 1916 — eine wesentliche Herabminderung der Zahl der Brandschäden von über 100000 M. bringt. Auch der Gesamtschaden ist geringer als im Jahre 1915.

Im dritten vollen Kriegsjahre — 1917 — nehmen jedoch die „Großbrände" in industriellen Anlagen ganz erheblich zu. In den Vorjahren waren die Fabriken noch mit Rohstoffen erster Qualität versorgt, Schmier-, Putz- und Beleuchtungsmaterial stammten noch aus der Friedenszeit; in den Betrieben waren noch viele eingeübte alte Arbeiter vorhanden. Das änderte sich aber im dritten Kriegsjahre. Die Rohstoffe verschlechtern sich, Schmier-, Putz- usw. Materialien werden durch Ersatzmittel ersetzt, ein Teil der geübten Arbeiter wird eingezogen, ihre Stellen nehmen junge, oft unerfahrene Arbeiter, auch Frauen ein. Neue Verfahren in der Fabrikation bergen neue Brandursachen, in vielen Betrieben werden Kriegsgefangene beschäftigt, die Sprengstoffexplosionsgefahr gewinnt an Ausdehnung, infolge Raummangels werden große Mengen wertvoller Waren in oft wenig feuersicheren Baulichkeiten aufgestapelt.

Mit der Intensität der Kriegsbetriebe und mit ihrer erhöhten Feuersgefahr vermochte die Erhöhung der Feuersicherheit trotz aller Anstrengungen der Behörden nicht Schritt zu halten, und so gestaltete sich das Kriegsjahr 1917 in bezug auf Zahl und Höhe der Brandschäden außerordentlich ungünstig. Und dabei muß wieder darauf hingewiesen werden, daß es sich in der „Nachweisung" nur um einen kleinen Ausschnitt der tatsächlich in diesem Jahre eingetretenen Schäden handelt. Die Feuerversicherungsgesellschaften bezeichnen das Jahr 1917 als ein Katastrophenjahr!

Das Ergebnis des Jahres 1918 stellt sich etwas günstiger als das des Jahres 1917. An erster Stelle steht wieder die Rüstungsindustrie, die zum großen Teil mit Munitionserzeugung beschäftigt war, mit 50 Großschäden.

Die infolge des Krieges eingetretenen wirtschaftlichen Schwierigkeiten üben einen gewichtigen Einfluß auf die Jahre 1919—1921 aus. Eine ungünstige Wirtschaftslage hat erfahrungsgemäß immer einen ungünstigen Schadensverlauf gezeitigt.

Im Jahre 1921 ist der große, in der chemischen Industrie durch das Explosionsunglück in Oppau verursachte Schaden, der allein viele hundert Millionen Mark betragen hat, unberücksichtigt geblieben, weil es sich um eine Katastrophe von ganz ungewöhnlichem Ausmaße handelt, deren Berücksichtigung in der Nachweisung zu mißverständlichen Auffassungen Anlaß geben könnte.

5. Reichsaufsichtsamt für Privatversicherung. Das Reichsaufsichtsamt gibt seit 1902 alljährlich eine Versicherungsstatistik über die unter Reichsaufsicht stehenden Unternehmungen heraus. Dem Reichsaufsichtsamt unterstehen, abgesehen von einigen Einschränkungen, außer den inländischen privaten auch die ausländischen Versicherungsunternehmungen, die im Lande durch Vertreter, Agenten od. dgl. das Versicherungsgeschäft betreiben. Die Statistik reicht bis zum Jahre 1921. In der Statistik sind sämtliche Unternehmungen nach der Art ihres Betriebes in fünf Gruppen eingeteilt. Hier interessiert nur die Gruppe 4, Feuerversicherung. In der Statistik für 1917 wird hinsichtlich der Feuerversicherung über 41 Aktiengesellschaften und 22 Gegenseitigkeitsvereine berichtet. Die Zahl der in dieser Statistik behandelten ausländischen Gesellschaften stellt sich in dem Berichtsjahr auf 33. Fortgefallen sind, wie in den vorhergehenden Kriegsjahren, die englischen und die französischen Gesellschaften. Die Statistik enthält Angaben über die Zahl der Versicherungen, die Versicherungssummen, die Beiträge und die Spesen. Angaben über Entstehungsursachen sind nicht gemacht, auch sind die in industriellen Anlagen entstandenen Schäden nicht besonders zusammengestellt.

Trotzdem habe ich im Interesse der Vollständigkeit des Abschnittes „Brandschadenstatistik" nachstehend die in den Jahren 1912—1921 entstandenen Brandschäden zusammengestellt. Da, wie bereits erwähnt, die Schäden in industriellen Anlagen einen hohen Prozentsatz der Gesamtschäden ausmachen, läßt die auf breitester Grundlage aufgebaute Statistik immerhin einen für den vorliegenden Zweck wichtigen Schluß zu.

Zusammenstellung der von deutschen Aktiengesellschaften
und Gegenseitigkeitsvereinen gezahlten Brandentschädigungen
in den Jahren:

1902	104 195 808 M.	1908	138 543 203 M.
1903	108 237 278 „	1909	133 726 006 „
1904	122 422 176 „	1910	135 659 903 „
1905	112 681 754 „	1911	186 888 225 ,
1906	187 327 232 „	1912	164 194 465 „
1907	125 538 059 „	1913	178 537 880 „
1914	175 416 737 M.	1918	195 867 000 M.
1915	156 945 952 „	1919	272 790 000 „
1916	145 979 977 „	1920	554 795 000 „
1917	245 668 834 „	1921	1 053 944 000 „

In der obigen Zusammenstellung fallen die außerordentlich trocke-
nen Jahre 1906 und 1911 sowie das Jahr 1917 hinsichtlich der Gesamtschäden besonders auf. Es treffen hier bezüglich des Jahres 1917 sowie
der vorhergehenden Kriegsjahre die bei dem Abschnitt A II 4 — große
Brandschäden in industriellen Anlagen — bereits gemachten Angaben
ebenfalls zu. Von 1919 ab macht sich die Geldentwertung bereits derart
bemerkbar, daß diese Jahre für Vergleiche nicht mehr in Frage kommen.
Nach der Zusammenstellung ist das Volksvermögen in der Zeit von
1902—1918 um den Betrag von

$$\text{2 616 830 489 M.,}$$

an dem die industriellen Anlagen hervorragend beteiligt sind, geschädigt
worden. Und dabei kann auch diese Summe aus den bei A II 5 bereits
angedeuteten Gründen, wie Verluste der Nichtversicherten, der Unterversicherten usw., keinen Anspruch auf „Vollständigkeit" erheben.

III. Schlußfolgerungen.

Aus den vorstehenden Ausführungen dürfte sich ohne weiteres ergeben, welchen Wert fachtechnisch richtige Brandstatistiken für den
Feuerschutz im allgemeinen und besonders auch für industrielle Anlagen
haben können. Statistiken, wie sie jetzt geführt werden, erscheinen für
den vorliegenden Zweck nur bedingt benutzbar, da sie auf der einen Seite
nur das bringen, was den statistischen Ämtern durch die in Frage kommenden amtlichen Stellen zugeführt wird, und auf der anderen Seite
alle diejenigen Fragen nicht erörtern, welche die Betriebe in leicht
zu verstehender Weise den Feuerversicherungsgesellschaften und Behörden gegenüber verheimlichen, da sie befürchten, auf Grund statt-
gehabter Brände mit neuen Feuersicherheitsmaßnahmen bedacht zu
werden. Daß dieser Standpunkt der Betriebe letzten Endes aber nur
bedenkliche Folgeerscheinungen haben kann, wird hierbei von ihnen
nicht beachtet. Die Gefährlichkeit gewisser Betriebe kann erst in vielen
Fällen erkannt werden, wenn die Statistiken schwarz auf weiß immer

wieder auf gewisse Entstehungsursachen erbarmungslos hinweisen, und wenn auf Grund dieser Hinweise die für die Sicherheit der Betriebe in Frage kommenden Stellen hellhörig gemacht werden und nun ihre Gegenmaßnahmen treffen können. Es muß zugegeben werden, daß es wohl schwer erreichbar sein wird, die Betriebsleitungen soweit zu bringen, daß sie jeden Brandfall, einerlei ob er groß oder klein gewesen ist, wenigstens der Behörde anzeigen, wenn man auch von ihnen nicht verlangen kann, daß sie den Feuerversicherungen hiervon Mitteilung machen, da das Verhältnis der Betriebe zu den Feuerversicherungsgesellschaften letzten Endes ein privates ist. Daß viele Betriebe lieber auf die Auszahlung einer kleinen Versicherungssumme verzichten, als den Schaden anmelden und dadurch die behördliche und private Überprüfung durch die Feuerversicherungsgesellschaften in den Kauf nehmen, kann nicht abgeleugnet werden. Wie eine derartige für die Beurteilung der Brandschäden und der Feuerverhütung sehr wertvolle Zentralstelle für Brandschadenstatistik geschaffen werden kann, soll hier nicht weiter ausgeführt werden, wohl aber soll die Notwendigkeit einer derartigen Einrichtung gebührend hervorgehoben sein.

B. Fürsorge gegen Feuersgefahr in industriellen Anlagen.

I. Fürsorge seitens der Behörden.

1. Die gesetzlichen Grundlagen für die Ausübung der Bau-, Feuer- und Gewerbepolizei. Das bestehende Bau- und Feuerpolizeirecht ist, mit Ausnahme einiger allgemeiner reichsrechtlicher und landesrechtlicher Bestimmungen, kein einheitliches. Die Fassung der Reichsgewerbeordnung ist unübersichtlich. Für die vorliegende Arbeit erscheint es daher erwünscht, die hauptsächlichsten hier in Frage kommenden gesetzlichen Bestimmungen festzustellen.

Die Baupolizei bildet einen besonderen Zweig der allgemeinen Polizei. Ihre Aufgabe ist es, das öffentliche Baurecht zu gestalten und anzuwenden. Sie hat nicht nur dann, wenn eine Bauerlaubnis bei ihr nachgesucht wird, sondern auch ohne dieses von Amts wegen dafür zu sorgen, daß den bestehenden baupolizeilichen Vorschriften genügt werde.

In Preußen z. B. werden die Befugnisse der Polizei und damit auch die der Baupolizei vornehmlich auf den § 10 II 17 Allgemeines Landrecht, in Verbindung mit den Spezialvorschriften der §§ 65 ff., Titel 8, Teil I gestützt. Der § 10 lautet:

> „Die nötigen Anstalten zur Erhaltung der öffentlichen Ruhe, Sicherheit und Ordnung und zur Anwendung der dem Publikum oder einzelnen Mitgliedern desselben bevorstehenden Gefahr zu treffen, ist das Amt der Polizei.“

Das Gebiet der Baupolizei ist kein scharf begrenztes, es berührt sich vielfach auf das innigste mit anderen Gebieten der allgemeinen Polizei. So bestimmt der § 6 des Polizeiverwaltungsgesetzes vom 11. März 1850 als zu den Gegenständen der ortspolizeilichen Vorschriften gehörig unter f) „die Sorge für Leben und Gesundheit" und unter g) „die Fürsorge gegen Feuersgefahr bei Bauausführungen".

Der Wirkungskreis der Baupolizei, die von der Ortspolizeibehörde verwaltet wird, ist demnach ein recht großer. Jede von ihr erlassene Baupolizeiverordnung enthält eine mehr oder weniger scharf einschneidende Beschränkung des nach § 65, Tit. 8, Teil I des ALR. gewährten Rechtes der Baufreiheit.

Die Feuerpolizei ist mit der Baupolizei besonders innig verbunden. Mit Ausnahme von Berlin ist auch die Feuerpolizei in allen anderen deutschen Städten der städtischen Verwaltung übertragen. Die rechtliche Grundlage für den Erlaß von feuerpolizeilichen Verordnungen, soweit Gebäude in Betracht kommen, bildet der vorstehend bereits erwähnte § 10 II 17 des ALR. Neben örtlichen Polizeiverordnungen enthält das Strafgesetzbuch für das Deutsche Reich nach dieser Richtung hin die allgemeinen Vorschriften, unter denen folgende besonders hervorzuheben sind.

Mit Geldstrafe oder mit Gefängnis oder mit Haft wird bestraft:

Nach § 330. Wer bei der Leitung oder Ausführung eines Baues wider die allgemein anerkannten Regeln der Baukunst dergestalt handelt, daß hieraus für andere Gefahr entsteht.

Nach § 367 Ziff. 4. Wer ohne die vorgeschriebene Erlaubnis Schießpulver oder andere explodierende Stoffe oder Feuerwerke zubereitet.

Nach § 367 Ziff. 5. Wer bei der Aufbewahrung oder bei der Beförderung von Giftwaren, Schießpulver oder Feuerwerken, oder bei der Aufbewahrung, Beförderung, Verausgabung oder Verwendung von Sprengstoffen oder anderen explodierenden Stoffen, oder bei Ausübung der Befugnis zur Zubereitung oder Feilhaltung dieser Gegenstände sowie der Arzneien die deshalb ergangenen Verordnungen nicht befolgt.

Nach § 367 Ziff. 5a. Wer bei Versendung oder Beförderung von leichtentzündlichen oder ätzenden Gegenständen durch die Post die deshalb ergangenen Verordnungen nicht befolgt.

Nach § 367 Ziff. 6. Wer Waren, Materialien oder andere Vorräte, welche sich leicht von selbst entzünden oder leicht Feuer fangen, an Orten oder in Behältnissen aufbewahrt, wo ihre Entzündung gefährlich werden kann, oder Stoffe, die nicht ohne Gefahr einer Entzündung beieinander liegen können, ohne Absonderung aufbewahrt.

Nach § 367 Ziff. 13. Wer trotz der polizeilichen Aufforderung es unterläßt, Gebäude, welche dem Einsturz drohen, auszubessern oder niederzureißen.

Nach § 367 Ziff. 14. Wer Bauten oder Ausbesserungen von Gebäuden, Brunnen, Brücken, Schleusen oder anderen Bauwerken vornimmt, ohne die von der Polizei angeordneten oder sonst erforderlichen Sicherungsmaßregeln zu treffen.

Nach § 367 Ziff. 15. Wer als Bauherr, Baumeister oder Bauhandwerker einen Bau oder eine Ausbesserung, wozu die polizeiliche Genehmigung erforderlich ist, ohne diese Genehmigung oder mit eigenmächtiger Abweichung von dem durch die Behörde genehmigten Bauplane ausführt oder ausführen läßt.

Nach § 368 Ziff. 3. Wer ohne polizeiliche Erlaubnis eine neue Feuerstätte errichtet oder eine bereits vorhandene an einen anderen Ort verlegt.

Nach § 368 Ziff. 4. Wer es unterläßt, dafür zu sorgen, daß die Feuerstätten in seinem Hause in baulichem und brandsicherem Zustande unterhalten oder daß die Schornsteine zur rechten Zeit gereinigt werden.

Nach § 368 Ziff. 5. Wer Scheunen, Ställe, Böden oder andere Räume, welche zur Aufbewahrung feuerfangender Sachen dienen, mit unverwahrtem Feuer oder Licht betritt, oder sich denselben mit unverwahrtem Feuer oder Licht nähert.

Nach § 368 Ziff. 6. Wer an gefährlichen Stellen in Wäldern oder Heiden oder in gefährlicher Nähe von Gebäuden oder feuerfangenden Sachen Feuer anzündet.

Nach § 368 Ziff. 7. Wer in gefährlicher Nähe von Gebäuden oder feuerfangenden Sachen mit Feuergewehr schießt oder Feuerwerke abbrennt.

Nach § 368 Ziff. 8. Wer die polizeilich vorgeschriebenen Feuerlöschgerätschaften überhaupt nicht oder nicht in brauchbarem Zustande hält oder andere feuerpolizeiliche Anordnungen nicht befolgt.

Nach § 369 Ziff. 3. Gewerbetreibende, welche in Feuer arbeiten, wenn sie die Vorschriften nicht befolgen, welche von der Polizeibehörde wegen Anlegung und Verwahrung ihrer Feuerstätten sowie wegen der Art und der Zeit sich des Feuers zu bedienen, erlassen sind.

Wo die gesetzlichen Bestimmungen nicht ausreichend erscheinen, ist es der Feuerpolizei anheimgestellt, weitergehende Vorschriften zu erlassen, auch kann sie die Durchführung der von ihr angeordneten Maßnahmen durch polizeiliche Verfügungen erzwingen. Der Endzweck aller Maßnahmen der Feuerpolizei kann und darf nur der sein, die Zahl und die Ausdehnung der Schadenfeuer möglichst zu verringern.

Maßgebend für die Gewerbepolizei sind die Bestimmungen der Gewerbeordnung für das Deutsche Reich sowie die Ausführungsanweisung zur Gewerbeordnung. Von den gewerblichen Anlagen handeln die §§ 16—27, 49 und 147, Ziff. 2 der Gewerbeordnung. Der § 16 enthält ein Verzeichnis der Anlagen, die einer besonderen polizeilichen Genehmigung bedürfen. Von Interesse für die vorliegende Arbeit ist sodann der § 120a, der im dritten Absatz lautet: „Ebenso sind diejenigen Vorrichtungen herzustellen, die zum Schutze der Arbeiter gegen gefährliche Berührungen mit Maschinen oder Maschinenteilen oder gegen andere in der Natur der Betriebstätte oder des Betriebes liegende Gefahren, namentlich auch gegen die Gefahren, welche aus Fabrikbränden erwachsen können, erforderlich sind." Schließlich ist auch noch die Bestimmung des § 120d von Wichtigkeit, nach der die Gewerbeaufsichtsbeamten befugt sind, polizeiliche Verfügungen zu erlassen, um die in den §§ 120a bis 120c enthaltenen Grundsätze zur Durchführung zu bringen.

2. **Vorschriften der Bau-, Feuer- und Gewerbepolizei.** In erster Linie kommen hier die „Bauordnungen" in Frage. Es ist unmöglich, für das ganze Reich eine und dieselbe Bauordnung zu erlassen. Örtliche Verhältnisse des Grundbesitzes, vorwiegend zur Verfügung stehende Baustoffe, auf klimatischen Ursachen beruhende Baugewohnheiten verbieten dies. Ganz besonders trifft dies aber in feuerpolizeilicher Hinsicht zu, denn die Gebäude weisen nach Zweck, Benutzungsart und Ausführungsweise für eine schematische Behandlung zu erhebliche Verschiedenheiten auf.

Die Baupolizeiordnung für den Stadtkreis Berlin vom 15. August 1897, die vielen Städten als Vorbild gedient hat, enthält nur die unter normalen Verhältnissen anzuwendenden Grundregeln, während es der Baupolizeibehörde überlassen bleibt, für in höherem Grade gefährdete Gebäudearten die von ihr als notwendig erachteten weitergehenden Forderungen zu bemessen. So enthält der § 38 der Berliner Bauordnung für die nicht unter § 16 der Reichsgewerbeordnung fallenden Betriebsstätten, stark besuchte Gebäude und Lagerräume, schärfere Bestimmungen.

Bei Erlaß neuer Bauordnungen muß dem heutigen Stande der Bau- und Brandtechnik gebührend Rechnung getragen werden. Gegenwärtig liegt der Entwurf einer neuen Bauordnung für Groß-Berlin vor, der dieser Forderung im großen und ganzen entspricht. So werden z. B. in dem neuen Entwurf genaue Begriffsbestimmungen über „feuerfest" und „feuersicher" gegeben, gegenüber den bisherigen unklaren Begriffen „massiv", „unverbrennlich" u. dgl.; er enthält ferner Bestimmungen, die den Hochhausbau nicht ausschließen. Die vorgesehene Vergrößerung der Abmessungen für Durchfahrten ist von Vorteil für die Verwendung der modernen großen Leitern der Feuerwehr. Sehr zu begrüßen ist die Bestimmung, daß die Treppen in Wohngebäuden mit vier oder mehr Vollgeschossen gegen Verqualmung aus dem Kellergeschoß in ausreichender Weise gesichert sein müssen. Bei Durchführung dieser Bestimmung würden viele Unglücksfälle vermieden werden.

Auf die vielen anderen bau- und feuerpolizeilichen Verordnungen hier näher einzugehen, würde zu weit führen, auch können die sämtlichen Verordnungen und Bestimmungen hier nicht einzeln angeführt werden. Es dürfte, um die Fürsorge seitens der Behörden gegen Feuersgefahr in industriellen Anlagen hinreichend zu kennzeichnen, genügen, nur die wichtigsten Verordnungen summarisch zu erwähnen. Es gehören hierher die Polizeiverordnungen über den Verkehr mit Sprengstoffen, die Lagerung und Aufbewahrung feuergefährlicher Stoffe, wie Mineralöle, Spiritus, Äther, Schwefelkohlenstoff usw., über den Verkehr mit verflüssigten und verdichteten Gasen, die Herstellung, Aufbewahrung und Verwendung von Azetylen, sowie die Lagerung von Karbid. Ferner sind hier die Sicherheitsvorschriften z. B. für Benzinwäschereien, Spinnereien, Celluloidfabriken und Lager, Kraftwagenräume, Speicher, Preßluft- und Wassergasanlagen, Holzplätze, Dampfkessel und Motore, elektrische Beleuchtungs- und elektrische Betriebsanlagen sowie Lagerung und Transport von Salpetersäure zu erwähnen.

Hierzu treten dann noch die sehr zahlreichen Verordnungen, den Schutz der Arbeiter in Gewerbebetrieben betreffend, und die Bestimmungen für bestehende Gebäude, in denen sich feuergefährliche Betriebsstätten befinden.

3. Bau-, feuer- und gewerbepolizeiliche Überwachung der industriellen Anlagen. Seitens der Baupolizeibehörde werden die Neu- und Umbauten während der Ausführung der Bauarbeiten kontrolliert. Ferner werden Revisionen vorgenommen auf Grund von Anzeigen der Polizeiämter und sonstiger Dienststellen, von Beschwerden, Brandfällen u. dgl. In Groß-Berlin ist neuerdings bei den Baupolizeiämtern ein technischer Außendienst eingerichtet worden, der Abbrüche, ferner die Grundstücke und die darauf befindlichen Gebäude hinsichtlich polizeiwidriger Zustände überwachen, sowie die Ausführung nicht genehmigter Bauarbeiten verhindern soll. Wenn die Revierbeamten auch in erster Linie auf die Wohlfahrtseinrichtungen und die im Interesse der Sicherheit der Arbeiter zu treffenden Maßnahmen zu achten haben, so sind sie nach ihrer Dienstanweisung doch auch gehalten, feuerpolizeiliche Mißstände, betreffend feuersichere Türen, schadhafte Feuerungen, Rauchrohre u. dgl. anzuzeigen. Die Zahl der den Baupolizeiämtern für den vorgenannten Zweck zur Verfügung stehenden Beamten ist jedoch zu gering, um eine wirkungsvolle Kontrolle ausüben zu können.

Seitens der Feuerpolizei finden, abgesehen von den laufenden Revisionen, aus eigener Initiative sowie auf Grund von Brandfällen,

Beschwerden, Anzeigen, Anträgen anderer Dienststellen usw. Besichtigungen industrieller Anlagen statt, zu denen, je nach dem Grade der Feuergefährlichkeit der Anlage, Vertreter der Bau- und Gewerbepolizei, der Ortsfeuerwehr und der Polizeireviere hinzugezogen werden. Bei der großen Zahl industrieller Anlagen ist es naturgemäß unmöglich, derartige Besichtigungen in ausreichender Weise vorzunehmen.

Etwas anders gestaltet sich die Gewerbeaufsicht. Die Gewerbeaufsichtsbeamten sollen in dem ihnen zugewiesenen Wirkungskreise in Ergänzung der den ordentlichen Polizeibehörden obliegenden Tätigkeit für eine möglichst vollständige und gleichmäßige Durchführung der Bestimmungen der Gewerbeordnung und der auf ihrer Grundlage erlassenen Vorschriften Sorge tragen. Sie sollen ihre Aufgabe vornehmlich darin suchen, sachverständig zu beraten und wohlwollend zu vermitteln. Die Gewerbeaufsichtsbeamten sollen durch die ganze Art ihrer amtlichen Tätigkeit eine Vertrauensstellung zu gewinnen suchen.

Zur Erfüllung ihrer Aufgaben haben sich die Gewerbeaufsichtsbeamten durch fortlaufende Besichtigungen der ihrer Aufsicht unterstellten Anlagen von deren Zustand eingehende Kenntnis zu verschaffen. Sofern die Gewerbeaufsichtsbeamten beobachten, daß dem Gesetze nicht entsprochen wird, liegt es ihnen ob, zunächst durch geeignete Vorstellungen und Beratung für Abhilfe zu sorgen. Erst, wenn dieser Weg nicht zum Ziele führt, ist von der Befugnis des § 120d Gebrauch zu machen.

Aber auch den Gewerbeaufsichtsbeamten ist es unmöglich, die ihnen zugewiesenen Betriebe ständig zu überwachen. Hierzu reicht das für diesen Zweck zur Verfügung stehende Personal nicht aus. Auf Grund des bei B, I, 1 bereits angezogenen § 120a der Gewerbeordnung achten die Gewerbeaufsichtsbeamten bei ihren Revisionen auch auf die Erfüllung feuerpolizeilicher Vorschriften, soweit sie die persönliche Sicherheit der Arbeiter betreffen, wie z. B. Freihalten von Treppen, Türen, Gängen, Durchfahrten, Höfen, Vorhandensein von Rettungsleitern, ausreichende Beleuchtung, Bereithalten geeigneter Löschgeräte, Vorhandensein von Feuermeldern und Alarmeinrichtungen.

Die Tätigkeit der Ortsfeuerwehren hinsichtlich der Überwachung industrieller Anlagen ist vorstehend bei der Besprechung der „Feuerpolizei" bereits gekennzeichnet worden. Außer bei gemeinsamen Besichtigungen wird sich ihre Tätigkeit, abgesehen von einigen Ausnahmen, die später besprochen werden sollen, auf Prüfungen der Sachlage infolge von bei ihr eingehenden Beschwerden, Anzeigen sowie amtlichen Aufforderungen beschränken. Im übrigen ist ihre Tätigkeit vornehmlich eine begutachtende. Bei Bränden festgestellte feuerpolizeiliche Mängel werden den zuständigen Dienststellen gemeldet. Anzustreben ist eine gesetzliche Vorschrift, daß dort, wo Berufsfeuerwehren vorhanden sind, diese schon bei Erteilung der Bauerlaubnis gehört werden müssen.

Schließlich wäre hier noch der Tätigkeit der Schornsteinfeger und der Berufsgenossenschaften zu gedenken. Die überwachende Tätigkeit der Schornsteinfeger ist von besonderer Wichtigkeit. Ihre Tätigkeit setzt schon bei Neu- und Umbauten ein, indem sie die Schornsteine und Feuerungsanlagen kontrollieren und Abnahmebescheinigungen ausstellen. Aber auch bei Ausführung des regelmäßigen Kehrgeschäftes sind sie gehalten, Mängel bau- und feuerpolizeilicher Art zur Anzeige zu bringen.

Die Berufsgenossenschaften sind verpflichtet, durch technische Aufsichtsbeamte die Befolgung der von ihnen erlassenen und von dem Reichsversicherungsamt genehmigten Unfallverhütungsvorschriften in den einzelnen Betrieben überwachen zu lassen. In die Vorschriften sind u.a. auch Bestimmungen, „betreffend die Verhütung von Feuersgefahr", aufgenommen worden. Die technischen Aufsichtsbeamten haben alljährlich dem Reichsversicherungsamt Berichte über ihre Tätigkeit einzureichen. Aus ihnen ist jedoch zu ersehen, daß durchschnittlich kaum der dritte Teil der Betriebe innerhalb eines Jahres von den Aufsichtsbeamten besichtigt werden kann.

II. Fürsorge seitens der öffentlichen und privaten Feuerversicherungsanstalten bzw. Gesellschaften.

1. Allgemeines. Das Wirken der Feuerversicherungen im Belange der Erhöhung des Feuerschutzes in industriellen Anlagen ist von großer Bedeutung. Leider herrscht in dieser Hinsicht noch vielfach Unklarheit. So mancher ist immer noch der Ansicht, daß es den Versicherungsgesellschaften weniger auf „Gefahrenminderung" als auf den Ausgleich des Risikos ankommt. Die Wege, die die Feuerversicherungsgesellschaften zur Erreichung des Zieles „Gefahrenminderung" einschlagen, sind nur für den Außenstehenden nicht immer leicht erkennbar, da sich das Wirken der Feuerversicherungsgesellschaften im stillen vollzieht. Die privaten Feuerversicherungsgesellschaften z. B. erreichen durch ihre „Prämienpolitik" recht beachtenswerte Erfolge in bezug auf Gefahrenminderung. Sie ermäßigen die Prämien ganz erheblich, wenn der Versicherungsnehmer gewisse, von den Gesellschaften in den Tarifen vorgesehene Sicherheitsmaßnahmen, wie z. B. räumliche Anordnung, feuersichere Bauweise, Brandabschnitte, Abtrennung besonders feuergefährlicher Einzelbetriebe, gesonderte Lagerung feuergefährlicher Stoffe od. dgl. ausführt oder Sprinkler[1]) oder automatische Feuermelder einbaut. Die gewährten

---

[1]) Siehe: Die selbsttätigen Feuerlöschbrausen (Sprinkler) und die Drencheranlagen von Ob.-Ing. C. Flachs.

Prämienermäßigungen sind derart bemessen, daß das für die Ausführung der Sicherheitsmaßnahmen aufgewendete Kapital im Verlaufe von etwa 10 Jahren verzinst und amortisiert werden kann. Ohne dieses finanzielle Ergebnis würde sich der Industrielle wohl nur schwer zu Geldaufwendungen entschließen, denn er ist über die seinem Besitz drohenden Gefahren nicht genügend unterrichtet; er unterschätzt sie meistens, wenn er nicht bewußt zur gefährlichen Selbstversicherung zurückgreift.

Ähnlich wie bei den baulichen Sicherungsmaßnahmen liegen die Verhältnisse hinsichtlich der Verbesserung der Löscheinrichtungen in industriellen Anlagen. Für solche gewähren die Feuerversicherungsgesellschaften sogenannte Löschrabatte, wenn die von den Feuerversicherungsgesellschaften, je nach der Größe der Anlage, gestellten Forderungen von dem Versicherungsnehmer erfüllt werden. Die Löschrabatte betragen, entsprechend den gemachten Aufwendungen, 15—60% der Prämien, wobei letztere Zahl insbesondere beim Einbau von Sprinkleranlagen gewährt wird.

2. **Sicherheitsvorschriften, Klauseln.** Nachstehend sollen die wichtigsten Sicherheitsvorschriften der Feuerversicherungsunternehmungen angegeben werden, und zwar nicht getrennt nach privaten und öffentlichen, da viele der Vorschriften in gemeinsamer Beratung festgestellt worden sind.

a) Bestimmungen in den Tarifen über feuersichere Konstruktionen, insbesondere Brandmauern, feuersichere Türen usw. Dergleichen strenge Vorschriften sind systematisch wohl zuerst von den Feuerversicherungsgesellschaften aufgestellt worden. Insbesondere sind auch die Regeln für feuersichere Türen die ersten systematischen Regeln gewesen, die zusammengestellt worden sind.

b) Allgemeine Sicherheitsvorschriften für Fabriken und gewerbliche Anlagen. Die als vorbildlich zu bezeichnenden Vorschriften sind im Jahre 1891 unter Benutzung der von den einzelnen Versicherungsunternehmungen schon vorher erlassenen Einzelvorschriften aufgestellt worden.

c) Sicherheitsvorschriften für elektrische Starkstromanlagen und Betriebsvorschriften für solche. Die ersten bekanntgewordenen Vorschriften sind nach Henne wohl diejenigen des Londoner Phönix in England. Die ältesten deutschen Vorschriften stammen aus dem Jahre 1883. In Verbindung mit den Vorschriften ist der Revisionsdienst bei elektrischen Anlagen ins Leben gerufen worden.

d) Vorschriften für die Einrichtung selbsttätiger Feuerlöschbrausen-(Sprinkler)anlagen. Diese Vorschriften sind unter Zugrundelegung englischer und amerikanischer Vorbilder von den deutschen Feuerversicherern bearbeitet worden. Gleichzeitig wurde das technische Prüfungs- und Überwachungswesen für Sprinkleranlagen durch die Technische Prüfungsstelle für Sprinkleranlagen in Berlin unter Prof. Henne organisiert. Dank der Bewährung der Sprinkleranlagen, auch in Deutschland, konnten die Prämienrabatte aus Anlaß solcher Anlagen von 25 bis auf 60% im Laufe der letzten 24 Jahre erhöht werden.

e) Vorschriften für die Einrichtung selbsttätiger Feuermeldeanlagen. Diese Vorschriften sind im Zusammenwirken mit den elektrotechnischen Firmen etwa vor 16 Jahren aufgestellt worden.

f) Zu erwähnen sind dann noch Sicherheitsvorschriften für

die Verwendung von Petroleumglühlicht u. dgl.,

Acetylengasanlagen u. dgl.,

die einzelnen Arten von Öl- und Spiritusmotoren,

Gaserzeugungsanlagen der verschiedensten Art (sogenanntes Luftgas, Sauggas u. dgl.),

bewegliche Kraftmaschinen (Dampflokomotiven, Benzin-, Petroleum- usw. Lokomobilen, Elektromobilen u. dgl.),

Ölfeuerungsanlagen,

explosionssichere Lagerung feuergefährlicher Flüssigkeiten (Mineralölverordnung),

Blitzschutzanlagen.

Einen Anspruch auf Vollständigkeit können die vorstehenden Ausführungen nicht haben. Außer den erwähnten allgemeinen Vorschriften geben die Feuerversicherer je nach Lage des einzelnen Falles bei industriellen Anlagen noch Sondervorschriften, sogenannte Klauseln, heraus, die dem Versicherungsvertrage einverleibt werden. Solche Sondervorschriften bestehen z. B. für Mühlen, Darren, Ziegeleien, Brennereien, Holzbearbeitungswerkstätten, Appreturanstalten und Brauereien.

3. Kontrolle der Durchführung der erlassenen Vorschriften. Seitens der öffentlichen Feuerversicherungsanstalten haben vor dem Kriege regelmäßige Kontrollen stattgefunden. In den Kriegsjahren 1914—1916 konnte eine Kontrolle nur noch notdürftig durchgeführt werden. Von da ab mußte jedoch wegen Personalmangels und der entstehenden hohen Kosten die Vornahme einer regelmäßigen Kontrolle aufgegeben werden. Die Privatfeuerversicherungsgesellschaften haben auch vor dem Kriege keine regelmäßige Kontrolle ausgeübt. Sie stehen auf dem Standpunkte, daß den Versicherern nicht zugemutet werden kann, die Durchführung von Obliegenheiten, welche sie den Versicherungsnehmern auferlegt haben, zu überwachen. Es würde dies einen großen Aufwand an technischem Personal erfordern. Nach Ansicht der Privatfeuerversicherungsgesellschaften sind sie in erster Linie dazu da, den Versicherungsnehmer vor Vermögensverlusten zu schützen und erst in zweiter Linie haben sie die Möglichkeit auf Beseitigung abwendbarer Gefahren zu dringen, wozu ihnen die bei B II, 1 bereits erörterte „Prämienpolitik" und in gewissen Fällen auch die Drohung mit der Entziehung des Versicherungsschutzes dient. Schließlich können sich die Versicherer bei Eintritt von Brandschäden evtl. auch auf die Versicherungsbedingungen berufen und bei groben Verstößen gegen sie Schadenersatz ablehnen.

Hiernach finden Besichtigungen industrieller Anlagen durch Vertreter der Feuerversicherungsunternehmungen zunächst nur bei Abschluß der Versicherung, später bei Regulierung evtl. eingetretener Brandschäden und auf Veranlassung der Versicherungsnehmer statt, wenn diese durch Ausführen von Sicherheitsmaßnahmen eine Herabsetzung der Prämien erreichen wollen.

Infolge des heftigen Konkurrenzkampfes geht das allgemeine Bestreben dahin, den Versicherungsnehmern gegenwärtig keine allzu großen Schwierigkeiten zu machen, da sonst andere Gesellschaften die Versicherung übernehmen.

Wenn schon diese Verhältnisse bei den eigentlichen Feuerversicherungen zur Zeit dazu führen, daß eigentlich jede Feuerversicherung, um konkurrenzfähig zu bleiben, jedes Risiko übernimmt in der Hoffnung, daß es ihr durch geeignete Rückversicherungen gelingt, auch in großen Schadensfällen ihren Verpflichtungen nachzukommen, so werden diese Verhältnisse sehr bedenklich, wenn man bedenkt, daß zur Zeit auf diesem Gebiete neben den eigentlichen Feuerversicherungsanstalten auch die Transportversicherungen versuchen, sich ein ausgedehntes Arbeitsfeld zu schaffen.

Während die Feuerversicherungsanstalten bekanntlich über eine weitgehende Erfahrung auf dem Gebiete der Feuerverhütung und des Brandschutzes verfügen und daher meistens in der Lage sind, diese Erfahrungen bei Festsetzung der Prämien und Begutachtung der Betriebe nutzbar zu machen, fehlen diese Hilfsmittel den Transportversicherungen vollständig. Hierdurch ergibt sich die Tatsache, daß bei Abschluß von Transportversicherungen, welche die Prämien gewaltig drücken können, Fragen des Feuerschutzes überhaupt nicht angeschnitten werden, und daß vielfach erst nach stattgehabtem Brandfalle, wenn die Versicherungsanstalten bezahlen sollen, Vorwürfe erhoben werden, weshalb das versicherte Gut nicht besser durch feuerverhütende Maßnahmen geschützt war. Es ist bekannt, daß mit dem Begriff der Transportversicherung in sehr geschickter Weise auch auf längere Dauer im Lagereibetriebe gearbeitet wird, und daß auf diese Weise freilich an Prämien Ersparnisse erzielt werden können, aber im Brandfalle um so größere Verluste an nationalem Vermögen von dem Versicherer in den Kauf genommen werden müssen. Nur dann, wenn die Transportversicherungen den Fragen des vorbeugenden Feuerschutzes ebenfalls volles Verständnis entgegenbringen werden, wird es dem Feuerschutztechniker und -berater eines großen Betriebes gleichgültig sein können, ob der Schaden bei einer eigentlichen Feuerversicherung oder bei einer Transportversicherung gedeckt ist.

Diese Verhältnisse müssen hier erwähnt werden, da auch in anderer Weise gerade hinsichtlich der Transportversicherungen dem Betriebsinhaber Enttäuschungen erwachsen können, welche ihm bei gut begründeten Feuerversicherungsgesellschaften erspart würden. Es ist eine Tatsache, daß viele kleine Transportversicherungen heute hinsichtlich der ihnen zur Verfügung stehenden Mittel stark beschränkt sind, und daß ein etwa eintretender großer Brandschaden sie unter Umständen vor Aufgaben stellen kann, denen sie nur mit Schwierigkeit gerecht werden können.

III. Schlußfolgerungen.

Es muß anerkannt werden, daß die Behörden bestrebt sind, unter voller Berücksichtigung der Weiterentwicklung der Bautechnik, durch Erlaß oder Abänderung von Verordnungen die Feuersicherheit bei Einrichtung und Veränderung von Bauten im öffentlichen Interesse nach Möglichkeit zu wahren. Auch die Feuerversicherungen sind unablässig bemüht, durch Aufstellen von Sicherheitsvorschriften, durch Förderung der Einführung selbsttätiger Feuerlöschbrausen und selbsttätiger Feuermelder, zweckmäßige Verteilung von Handfeuerlöschern, durch Gewährung entsprechender Prämienermäßigungen usw. auf die Erhöhung der Feuersicherheit in industriellen Anlagen hinzuwirken. Kurz, es sind umfassende Maßnahmen zur Meidung und Unterdrückung der Brandgefahr getroffen worden, deren Erfolg sich in einer Eindämmung der Großschadensfälle und ihres Umfanges ausdrücken müßte. Wenn dies trotz aller Bemühungen der Behörden und Feuerversicherungen, wie bei Abschnitt A — Brandschadenstatistik — nachgewiesen ist, nicht der Fall ist, so müssen noch andere Gründe hierfür maßgebend sein, die in dem nachfolgenden Abschnitt C untersucht werden sollen.

C. Genügt die von den Behörden und von den Feuerversicherungsgesellschaften bzw. -anstalten ausgeübte Fürsorge gegen Feuersgefahr in industriellen Anlagen?

I. Erläuterung des Begriffes „Feuerschutz“.

Der gesamte Feuerschutz gliedert sich in zwei Gebiete:

a) Feuerverhütung und
b) Feuerbekämpfung.

Das wichtigere Gebiet ist die „Feuerverhütung“; sie tritt nicht öffentlich in die Erscheinung, wirkt vielmehr im stillen. Alles, was zur „Feuerbekämpfung“ gehört, wird unter der Bezeichnung „Feuerlöschwesen“ zusammengefaßt.

Die große Bedeutung der „Feuerverhütung" ergibt sich schon daraus, daß es ihre Aufgabe ist, dem Entstehen eines Brandes nach Möglichkeit vorzubeugen, das Weitergreifen eines solchen zu verhindern und gefährdeten Personen einen gesicherten Rückzugsweg zu gewähren. Ein trotz aller Vorsichtsmaßnahmen zum Ausbruch gekommener Brand soll keine große Ausdehnung annehmen können, auch muß der Feuerwehr die Möglichkeit gegeben sein, erfolgreich eingreifen zu können. Ein Feuer, das infolge mangelhafter bau- und feuerpolizeilicher Sicherungsmaßnahmen gewisse Grenzen überschritten hat, ist, wie Krameyer[1]) treffend bemerkt, von allen Feuerwehren der Welt nicht mehr zu bewältigen. So ist die Feuerpolizei der beste Bundesgenosse der Feuerwehr!

II. Feuerverhütung.

1. Allgemeines und Hinweise auf feuerwehrtechnische Begriffe hinsichtlich der Baumaterialien usw. Wenn sich trotz der in dem Abschnitt B erörterten intensiven Arbeit der Behörden und Feuerversicherungen die Großschäden in industriellen Anlagen ständig mehren, so müssen hierfür Gründe vorliegen, die nicht allein auf die Vermehrung und die Erweiterung industrieller Anlagen zurückgeführt werden können, denn die Fürsorge der Behörden und Feuerversicherungen erstreckt sich insbesondere auf Neuanlagen und Erweiterungen. Der Erlaß zahlloser Verordnungen, Bestimmungen und Vorschriften allein genügt m. E. nicht, Zahl und Umfang der Brandschäden zu vermindern, vielmehr muß die Durchführung jener Verordnungen streng kontrolliert, vor allem aber müssen die Betriebe selbst in feuerpolizeilicher Hinsicht dauernd überwacht werden. Wie es in Wirklichkeit mit dieser Kontrolle und der dauernden Überwachung der Betriebe beschaffen ist, habe ich in dem Abschnitt B näher dargelegt. Nach jenen Ausführungen müssen die in dieser Beziehung getroffenen Maßnahmen als ungenügend bezeichnet werden. Hier weist der polizeiliche Sicherheitsdienst eine erhebliche Lücke auf, deren Ausfüllung dringend geboten ist.

Um diese Behauptung zu beweisen, muß ich den bei der Besprechung des Kapitels „Feuerverhütung" sonst üblichen Weg, der darin besteht, die auf Grund der Verordnungen in industriellen Anlagen auszuführenden Sicherheitsmaßnahmen der Reihe nach eingehend zu besprechen, verlassen. Es ist dies auch insofern unbedenklich, als bereits eine größere Zahl trefflicher Veröffentlichungen[2]) vorliegt, die sich mit dieser Materie sehr eingehend beschäftigen.

---

[1]) Krameyer: Die Bekämpfung der Schadenfeuer, S. 56; vgl. auch, von Ritgen: Der Schutz Groß-Berlins vor Schadenfeuer, S. 57 sowie Reddemann: Die Fürsorge gegen Feuersgefahr bei Bauausführungen S. 156 oben.

[2]) Henne, v. Ritgen, Reddemann, Elsner u. a.

Ich will den Beweis erbringen, daß trotz der zahllosen Verordnungen und der von den Behörden ausgeübten Kontrolle in vielen industriellen Anlagen schwere bau- und feuerpolizeiliche Mängel bestehen. Ich werde nachfolgend meine in langjähriger Praxis auf Brandstellen und bei Besichtigungen industrieller Anlagen gesammelten Erfahrungen auf dem Gebiete der Bau- und Feuerpolizei niederlegen.

Vorweg möchte ich jedoch ausdrücklich bemerken, daß es mir durchaus fernliegt, den Behörden, Feuerversicherungen und Leitern der industriellen Anlagen einen Vorwurf machen zu wollen. Die Behörden haben das ernsteste Bestreben, den bestehenden Verordnungen Geltung zu verschaffen, aber es fehlt ihnen das für eine ausreichende Kontrolle und für eine ständige Überwachung der Betriebe erforderliche Personal, während, von Ausnahmen abgesehen, den Leitern industrieller Anlagen das genügende Verständnis für die ihren Betrieben drohenden Gefahren meistens fehlt. Bei der heutigen ungünstigen wirtschaftlichen Lage, dem Bestreben, Beamte abzubauen und die Ausgaben auf ein Mindestmaß einzuschränken, ist in absehbarer Zeit auf eine Besserung dieser Verhältnisse nicht zu rechnen.

Bei einem Neubau z. B. wird wohl meistens alles geschehen, was die Verordnungen vorschreiben. Aber wie sieht es in einem solchen Neubau oft schon wenige Monate nach erfolgter Gebrauchsabnahme aus? Der Betrieb erfordert z. B. das Ziehen provisorischer Wände, die meistens aus Holz hergestellt werden, Türen werden zugemauert, Heizungsanlagen, namentlich eiserne Öfen, werden errichtet. Und das alles ohne Genehmigung der Behörden. Erst wenn eine Meldung über besonders gefährliche Zustände eingeht, oder wenn ein Brand stattgefunden hat, erfolgt seitens der Behörden eine Nachprüfung.

Will man aber die weiteren Ausführungen verstehen, so ist folgendes zu beachten:

In den verschiedenen Bauordnungen findet sich eine ganze Anzahl von Begriffen, die den Grad der Feuersicherheit von Baukonstruktionen und Baumaterialien ausdrücken sollen, wie z. B.: massiv, feuerbeständig, unverbrennlich, verbrennlich, schwer entflammbar, glutsicher, feuersicher, feuerfest. Für die vorliegende Arbeit ist es notwendig, zunächst Klarheit über einige Hauptbegriffe zu schaffen. Die Einführung der Begriffe „feuerfest" und „feuersicher", wie sie auch der Entwurf einer neuen Bauordnung für Groß-Berlin vorsieht — vgl. B I.2 — erscheint sehr zweckmäßig. Der Entwurf enthält genaue Begriffsbestimmungen über feuerfest und feuersicher. Mit Rücksicht auf die Wichtigkeit dieser Bestimmungen in feuerpolizeilicher Hinsicht seien sie nachstehend im Wortlaut wiedergegeben[1]):

---

[1]) Die in letzter Zeit stattgehabten Beratungen in dieser Angelegenheit konnten hier noch nicht berücksichtigt werden. Es wird zu beachten

Als **feuerfest** gelten folgende Konstruktionen:

a) Decken, Dächer, Wände und Stützen aus unverbrennlichen Stoffen, Werkstücke aus natürlichen Gesteinen nur insoweit, als ihr Gefüge durch Brand nicht gelockert wird.

b) Decken und Wände und Stützen aus Beton mit und ohne Eiseneinlage, glutsicher umhüllte Eisenfachwerkwände, Wände und Stützen aus gebrannten Steinen mit Eiseneinlage und ähnliche Konstruktionen.

c) Treppen aus Beton mit und ohne Eiseneinlage, aus Kunststein mit Eiseneinlage und ähnliche Konstruktionen.

(Freitragende Treppen aus Granit gelten nicht als feuerfest. Decken, Wände und Treppen mit nicht glutsicher umhüllten Eisenteilen gelten nicht als feuerfest.)

Feuersicher sind außer den feuerfesten Konstruktionen nach dem neuen Entwurfe folgende Konstruktionen:

a) Decken, die zwar aus unverbrennlichen Baustoffen bestehen, aber nicht glutsicher umhüllte Eisenteile aufweisen, ferner unterhalb durchweg verputzte oder mit einer gleich wirksamen Bekleidung versehene Holzbalkendecken und untergespannte Drahtschutzdecken.

b) Wände aus Gipskunststein- u. dgl. Platten, ferner beiderseits verputzte Bretterwände oder ausgemauerte oder ausgestabte Fachwerkwände, Drahtputzwände, Drahtziegelwände u. dgl.

c) Treppen aus Eisen, Hausteinen, Buchen- oder Eichenholz, Treppen aus anderem Holz nur dann, wenn die Unterseiten verputzt sind.

d) Eiserne Türen und Klappen mit Asbesteinlage u. dgl. sowie hölzerne Türen und Klappen, die allseitig mit Eisenblech beschlagen sind und feuersicheren Anschlag haben.

e) Dächer, die mit einem gegen die Übertragung von Feuer von außen genügenden Schutz bietenden Stoffe, z. B. Stein- und Zementplatten, Schiefer, Dachziegel, Metall, Dachpappe, Ruberoid, Holzzement, Drahtglas od. dgl., gedeckt sind.

Ich werde mich der beiden Begriffe „feuerfest" und „feuersicher" bedienen.

Den nachfolgenden Ausführungen muß ich auf Grund mehrfach auf Brandstellen gemachter praktischer Erfahrungen folgenden Satz voranstellen: „Die Verwendung feuerfester Baukonstruktionen und Materialien bei der Errichtung eines Fabrikgebäudes wird den Feuerschutz nicht nur dieses Gebäudes, sondern auch der Gesamtanlage zweifellos bis zu einem gewissen Grade erhöhen. Der bei einem Brande am Gebäude eintretende Schaden wird niemals ein Totalschaden sein.

Es darf aber nicht übersehen werden, daß der Inhalt eines solchen Gebäudes mehr oder weniger leicht brennbar ist. So besteht die Gefahr,

---

sein, daß diese „Begriffe" für Preußen inzwischen wohl nicht mehr zutreffend sind (Dr. S.).

daß der Inhalt des Gebäudes, und mag es aus noch so feuerfesten Baukonstruktionen und Materialien hergestellt sein, im Falle eines Brandes, dessen Unterdrückung nicht sofort gelingt, restlos zerstört werden kann, wenn nicht bau- und feuerpolizeiliche Maßnahmen getroffen worden sind, die dem Umsichgreifen des Brandes an bestimmten Stellen ein energisches Halt gebieten."

Die Unkenntnis dieses Erfahrungssatzes hat schon großes Unheil angerichtet. Viele Besitzer industrieller Anlagen sind der Ansicht, daß in einem absolut feuerfest erbauten Gebäude nichts passieren kann. Sie wollen weite, übersichtliche Räume, auch wenn es der Betrieb nicht erfordert; feuerfeste Trennungswände sind ihnen ein Greuel! Die Besitzer werden durch das Vertrauen auf die sogenannte feuerfeste Bauweise auch leicht dazu verleitet, Maschinen, Mobilien, Vorräte usw. nicht zu ihrem vollen Werte zu versichern.

Ist die Katastrophe eingetreten, dann sehen sie ein, daß der Inhalt des feuerfesten Baues u. U. doch sehr leicht brennt, und daß das rasende Element ohne Vorhandensein von ausreichenden bau- und feuerpolizeilichen Sicherungen nicht aufgehalten werden kann. Sie gelangen auch zu der Überzeugung, daß eine „Vollversicherung" trotz des feuerfesten Baues am Platze gewesen wäre. So denken einsichtige Besitzer industrieller Anlagen nach der Katastrophe. Die anderen suchen, namentlich wenn sie erheblich unterversichert waren, nach einem Schuldigen, den sie meistens schnell in der Feuerwehr, die vollkommen versagt haben soll, gefunden haben.

Ich möchte nicht unterlassen, hier zu betonen, daß es industrielle Anlagen gibt, in denen die getroffenen Feuerschutzeinrichtungen als mustergültig bezeichnet werden können. Der erfahrene Feuerwehrfachmann sieht schon beim Betreten der Anlage, ob dem Feuerschutz das nötige Interesse entgegengebracht wird oder nicht. Leider gehören die vorerwähnten Musteranlagen zu den Ausnahmen. Überwiegend wird dem Feuerschutz nicht das erforderliche Interesse entgegengebracht, da er nach Ansicht, namentlich der kaufmännischen Leiter der Anlagen — unter denen es jedoch ebenfalls rühmliche Ausnahmen gibt — „unproduktiv" ist. Eine grundfalsche Ansicht! Nach meinen 40jährigen praktischen Erfahrungen muß ich den Feuerschutz zu den produktiven Einrichtungen rechnen. Es ist ein Gebot kaufmännischer Klugheit, rechtzeitig Aufwendungen für den Feuerschutz zu machen, die nicht nur eine Verringerung der Brandschäden, sondern auch eine Verminderung des indirekten Schadens, der durch den Eintritt von Betriebsstörungen entsteht, erwarten lassen. Diese Erwägungen beweisen die Richtigkeit des bekannten Satzes, daß die beste Versicherung des Betriebes in dem sorgfältigen Ausbau des Feuerschutzes besteht. Die hierfür gebrachten Geldopfer machen sich früher oder später doch einmal reichlich bezahlt, ganz abgesehen davon, daß die Feuerversicherungen für die Verbesserung des Feuerschutzes Löschrabatte bzw. Prämienermäßigungen gewähren.

Die hauptsächlichsten bau- und feuerpolizeilichen Mängel, die ich bei Bränden und bei Besichtigungen industrieller Anlagen festgestellt habe, sind folgende:

a) Lage der Grundstücke, Zugänglichkeit der Gebäude und Höfe. Die Lage der Grundstücke, die Zugänglichkeit der Gebäude und Höfe sind für einen schnellen, erfolgreichen Angriff seitens der Feuerwehr sowie für die Ausführung von Rettungsmaßnahmen von größter Bedeutung.

Als Ideal wäre die Lage eines Grundstückes zu bezeichnen, das allseitig von öffentlichen, gut befestigten und mit Wasserleitung versehenen Straßen begrenzt würde. Dieser Idealzustand ist natürlich nur selten zu finden. Überwiegend liegen die Grundstücke an einer, höchstens an zwei öffentlichen Straßen; im übrigen werden sie von Wohnhäusern, Fabriken, Eisenbahnanlagen, öffentlichen Parks usw. eingeschlossen.

Vielfach haben ausgedehnte Werke nur eine einzige Zufahrt, die bei Wagenverschiebungen auf den Geleisen, bei Rohrausbesserungen usw. für die Feuerwehren leicht unpassierbar sein können. Grundstücke z. B., die, eng bebaut mit mehrstöckigen Gebäuden und zwischen zwei Straßen liegend, eine Tiefe von 250—315 m haben, besaßen an den beiden Längsseiten keine Zufahrt. In allen Fällen ist es mir gelungen, eine genügende Anzahl von Zufahrten zu schaffen.

Von ebenso großer Wichtigkeit für das schnelle, erfolgreiche Eingreifen der Feuerwehr ist die Zugänglichkeit der Gebäude und Höfe. In dieser Hinsicht kann man bei Bränden und bei Besichtigungen recht unangenehme Erfahrungen machen. Enge Höfe sind z. B. dicht mit Fahrzeugen vollgestellt, Durchfahrten von einem Hofe zum andern sind vollständig mit Kisten, Brettern usw. verbaut; ja es kommt sogar vor, daß Durchfahrten als Werkstätten und Garagen eingerichtet werden. Dicht an den Gebäudefronten lagern Materialien und Gegenstände aller Art, wie Holzkisten, Fässer mit Benzin, Teerölen, Terpentinersatz, ferner Kohlenhaufen u. dgl. Lichtgräben vor Kellerfenstern sind nicht sicher abgedeckt, sondern oft noch mit Gittern umgeben, was bei Rettung von Menschen mittels Sprungtuches sehr gefährlich werden kann. Quer über die Höfe sind Transmissionen, Drähte der elektrischen Starkstromleitung u. dgl. geführt, Kräne für schwere Lasten werden je nach Bedarf aufgestellt, ohne Rücksicht darauf, ob sie im Falle eines Brandes die Rettungs- und Löscharbeiten behindern. Die Kranführer bringen die Kräne nach Schluß des Betriebes nicht an eine Stelle, wo sie die Feuerwehr nicht behindern können, sondern sie lassen sie meistens da stehen, wo sie zuletzt gebraucht wurden. Die Verkehrswege in größeren industriellen Anlagen sind häufig vollständig verstellt durch Waggons, durch schwere, mittels Kränen versetzter Maschinenteile, ferner durch große Kisten-, Kohlenlager u. dgl.

Die bisher angeführten Mängel werden je nach Lage des Falles das Vorgehen der Feuerwehr mehr oder weniger verzögern, da diese erst Platz schaffen und die Hindernisse beseitigen muß. Sehr viel schwieriger gestaltet sich jedoch die Lage für die Feuerwehr, wenn die Höfe z. B. keine Verbindung miteinander haben, und wenn sie entweder ganz überdeckt oder mit Bauten besetzt sind.

Die industriellen Anlagen haben sich im Laufe der Jahre vielfach außerordentlich vergrößert; es herrscht überall großer Raummangel. Die Errichtung neuer Gebäude ist auf dem Fabrikgelände entweder nicht mehr möglich oder die Kosten hierfür sind mit Rücksicht auf die ungünstige wirtschaftliche Lage nicht aufzubringen. So ist man sehr häufig dazu übergegangen, für die notwendigen Erweiterungsbauten die Höfe zu benutzen, ein Verfahren, das vom Standpunkte des Feuerschutzes aus nicht empfohlen werden kann. Einige Beispiele werden dies bestätigen.

In einem zusammenhängenden, mehrstöckigen Gebäudeblock sind die vorhandenen vier Innenhöfe ganz oder teilweise überbaut. Der eine Hof ist mit einem Glasdach völlig überdeckt, unter dem sich die Expedition mit großen Mengen von Holzkisten und Packmaterialien befindet. Auf den anderen Höfen sind große Schuppen mit Holzpappdächern für Spritzlackiererei, Glüherei, Gießerei sowie ein Kesselhaus errichtet. Derartige Bauten auf Höfen bieten nach zwei Seiten große Gefahren. Einmal kann die Feuerwehr von solchen Höfen aus mit ihren großen Leitern weder angreifen noch retten, dann aber wird ein in diesen Hofbauten zum Ausbruch kommendes Feuer in kürzester Frist die über den Höfen liegenden Stockwerke der Fabrik ergreifen.

In einem anderen Falle handelte es sich um einen sechsgeschossigen, quadratischen Baublock, dessen Seitenlänge 160 m beträgt. Das Gebäude besitzt 12 Innenhöfe, von denen 3 Höfe für die Feuerwehr überhaupt unzugänglich sind. Im ganzen sind 17 Treppen vorhanden, von denen 15 auf die Innenhöfe münden. Keiner der 12 Höfe ist unbebaut. Die auf den Höfen errichteten Baulichkeiten bestehen meist aus Holz oder Fachwerk und sind mit Holzpappdächern versehen. In den Hofbauten sind der Versand, das Verkaufslager, das Kistenlager, das Materialienlager, die Beizerei, die Kesselanlage, die Trockenräume usw. untergebracht. Die auf den Höfen errichteten Baulichkeiten würden zu ihrer Aufnahme einen stattlichen Neubau erfordern.

Von großer Wichtigkeit ist sodann noch der Umstand, daß die Höfe fast durchweg unterkellert und meist mit Oberlichtern versehen sind. Solche Oberlichter bilden eine ganz ungeheure Gefahr für die schnelle Ausbreitung eines im Keller ausgebrochenen Brandes nach den oberen

Stockwerken. Bei dem Abschnitt „Kellergeschoß" wird hierauf noch zurückzukommen sein[1]).

Auch hier muß wieder betont werden, daß die feuerfesteste Bauart der Gebäude große Brandschäden nicht zu verhindern vermag, wenn nicht rechtzeitig dafür gesorgt wird, daß die Feuerwehr mit ihren Angriffsgeräten ohne den geringsten Zeitverlust an den Brandherd gelangen kann.

b) **Kellergeschoß.** Kellerbrände sind erfahrungsmäßig besonders schwer zu bekämpfen, sie können leicht zu Brandkatastrophen führen, wenn schwere bau- und feuerpolizeiliche Mängel vorliegen. Dem Ausbau der Kellergeschosse ist daher, und wenn das Gebäude aus den feuerfestesten Baukonstruktionen und Materialien besteht, die allergrößte Aufmerksamkeit zu widmen. Den Wünschen der Bauherren auf große, ungeteilte Kellerräume, die womöglich noch von Hofunterkellerungen Licht und Luft erhalten, ist seitens der zuständigen Dienststellen im eigensten Interesse der Besitzer der Anlagen energisch entgegenzutreten. Merkwürdigerweise glauben die Besitzer solcher feuerfester Anlagen, daß bei einem Brande des Kellers, und wenn er bis an die Decken mit leicht brennbaren Materialien vollgepfropft ist, dem übrigen Gebäude nichts passieren kann. Der Keller brennt eben aus, und der Betrieb geht in den übrigen Geschossen ruhig weiter, sogar während des Brandes. Wie grausam solche Optimisten, die in den Bann des Schlagwortes „feuerfeste Bauart" geraten sind, enttäuscht werden können, soll nachstehender Brandfall beweisen.

Im Januar 1922 brannte in Berlin-Tempelhof das in allen Teilen aus Eisenbeton erbaute 7 Geschosse enthaltende Fabrikgebäude der Sarotti-Gesellschaft vollkommen aus. Der 5000 qm große, unter dem Gebäude gelegene Keller hatte keine einzige feuersichere Abtrennung. Etwa in der Mitte des Gebäudes war ein ebenfalls unterkellerter Innenhof von 21×30 m angeordnet, auf den die vorhandenen 4 Treppenhäuser mündeten. In den Treppenhäusern führten je zwei, mit Eisenblechplatten verschlossene Rohr- und Kabelschächte vom Keller bis zum Dachgeschoß. Die an den Gebäudefronten des Innenhofes liegenden Kellerfenster waren mit Drahtglas verglast, leider jedoch in „hölzernen" Fensterrahmen. Das Bedenklichste aber war das Vorhandensein eines 7×11 m großen Oberlichtes mit 1 m hohen seitlichen Fenstern und Jalousieflügeln, das zwar aus Eisenrahmen mit Drahtglas bestand, wodurch aber die bald nach Ausbruch des Brandes eintretende Katastrophe nicht aufgehalten werden konnte. Jeder Feuerwehrsachverständige wird

---

[1]) Bei einem in Hamburg im April 1925 stattgehabten Feuer im Kaufmannshaus wurde das Feuer durch ein derartiges Oberlicht so schnell auf die 6 über dem Oberlicht liegenden Stockwerke übertragen, daß zahlreiche Menschen in die größte Lebensgefahr gerieten und nur mit den Magirus-Leitern gerettet werden konnten. (Dr. S.)

aus dieser kurzen Beschreibung des Baues ohne weiteres ermessen können, was eintreten mußte, wenn in diesem Riesenkeller, der mit Kisten, Holzwolle, Packmaterialien, leicht brennbaren Flüssigkeiten usw. vollgepfropft war, ein Brand ausbrach, der nicht sofort im Keime erstickt werden konnte. Der zuständige Branddirektor von Tempelhof hat denn auch sehr richtig bereits ein Jahr vor Ausbruch des Brandes gelegentlich einer feuerpolizeilichen Revision ausdrücklich erklärt, daß die Feuerwehr bei Nichtausführung der geforderten feuerfesten Unterabteilungen im Keller jede Verantwortung im Falle eines Brandausbruches für den weiteren Verlauf desselben ablehnen müsse.

An einem sehr kalten Januartage — es herrschte bei — 20º ein schneidender Ostwind — geriet morgens durch die Unvorsichtigkeit eines Monteurs beim Auftauen einer Rohrleitung im Keller mittels einer Lötlampe die dort lagernde Holzwolle in Brand. Angestellte Löschversuche waren ohne Erfolg. Als nach Verlauf längerer Zeit die zuständige Feuerwache alarmiert wurde, fand der eintreffende Löschzug bereits eine kritische Situation vor. Das Feuer hatte an Umfang bedeutend gewonnen, die Verqualmung des Riesenkellers war eine vollkommene, auch die 4 Treppenhäuser waren infolge des Rauches, der durch die Rohr- und Kabelschächte drang, unpassierbar geworden. Inzwischen hatte sich das Feuer, dem Luftzuge des großen Oberlichtes folgend, mit großer Geschwindigkeit dem Innenhofe genähert. In kurzer Zeit war das Oberlicht zerstört und eine riesige Stichflamme schlug bis zum Dachfirst. Alle am Innenhofe liegenden Fenster der 6 Stockwerke zersprangen, so daß sich das Feuer sofort auf sämtliche Stockwerke, in denen sich ebenfalls sehr viele brennbare Gegenstände und Materialien befanden, übertrug. Nach Einsturz des Oberlichtes war ein mächtiger Krater geschaffen, der das Schicksal des Gebäudes besiegelte. Der Innenhof wirkte wie ein Schlot. Der Luftzug in der Durchfahrt zum Hofe z. B. war zeitweise so stark, daß man befürchten mußte, in den Hof hineingesogen zu werden. Die weiter eintreffenden Löschzüge mußten vor allem mehrere hundert Arbeiter und Arbeiterinnen aus den oberen Stockwerken über Leitern retten, da ihnen der Rückzug über die Treppen abgeschnitten war. Die Löschmaßnahmen gestalteten sich, abgesehen von den üblen Einflüssen der großen Kälte, sehr schwierig, da die Wasserversorgung für Feuerlöschzwecke ganz ungenügend war.

In konstruktiver Beziehung als Eisenbetonbau hat sich das Gebäude im großen und ganzen gut bewährt. Die gewaltigen Temperaturdifferenzen zwischen 20º Kälte und mindestens 1000º Hitze haben Bewegungserscheinungen in der Gebäudemasse hervorgerufen, die für das konstruktive Gerippe gefährlich waren[1]). Es haben nicht nur Bewegungen

---

[1]) Vgl. die Ausführungen über den Brand der sarottischen Fabrik von Magistratsbaurat Rothe-Tempelhof in Nr. 44 des Zentralbl. d. Bauverw.

im horizontalen Sinne nach der Dehnungsfuge zu stattgefunden, sondern sogar drehende Bewegungen. Am größten waren die Zerstörungen im Kellergeschoß. So waren z. B. Unterzüge der Hofkellerdecke durch axiale Kräfte zerdrückt; die nach Zerstörung des Betons frei liegenden Eisen zeigten starke Ausknickungen. Die Decken über dem Kellergeschoß hatten die größte Hitze auszuhalten; an einigen Stellen hatten sich die Deckenfelder bis 25 cm durchgebogen. In den übrigen Geschossen waren die Zerstörungen geringfügiger. Infolge der schiebenden und drehenden Bewegung im ganzen Gebäude war die Betonummantelung um die Eisen an vielen Stellen der Deckenbalken, Unterzüge und der Stützen abgeplatzt. In der Tages- und auch z. T. in der Fachpresse wurde die Sache so dargestellt, als ob der Eisenbetonbau durch den Brand nur ganz unerheblich beschädigt worden sei. Als Gradmesser für die durch den Brand entstandenen Beschädigungen an dem Eisenbetonbau kann wohl die Tatsache gelten, daß der Schaden am Gebäude nach Prof. Henne etwa 59% des Wertes der überhaupt versicherten Gebäude der Sarottischen Fabrik betragen hat.

Aus dieser Brandkatastrophe haben Bau- und Feuerpolizei, Feuerwehr, Feuerversicherer und nicht zuletzt die Besitzer von solchen „feuerfesten Bauten" reiche Lehren gezogen. Wäre z. B. in dem Kellergeschoß bei dem gänzlichen Fehlen von Trennungswänden wenigstens eine Sprinkleranlage vorhanden gewesen, dann hätte der Brand in dem Keller unmöglich solche Ausdehnung annehmen können. Wie leicht hätte ferner in dem vorliegenden Falle eine ausreichende Wasserversorgung für Feuerlöschzwecke aus dem Teltowkanal sichergestellt werden können durch Einbau von zwei Pumpen von je 4—5000 l/Min. Leistung in einem absolut gesicherten Kellerraume außerhalb des Gebäudes. Mit weiten Schläuchen und großen Strahlrohrmundstücken hätte die Feuerwehr ganz anders vorgehen können als mit den kleinen, oft aussetzenden, ganz ungenügenden Wasserstrahlen, die ihr zur Verfügung standen.

Anlagen wie die vorbeschriebene kann man auch heute noch vielfach antreffen. So hat z. B. das Kellergeschoß eines sechsgeschossigen Baublocks eine Grundfläche von 25 600 qm! Feuerfeste Trennungswände sind nicht vorhanden. Die Riesenfläche ist ganz unregelmäßig durch Drahtnetz-, Latten-, Bretterwände u. dgl. in Räume für Materialienlager, Werkstätten, Kistenmacherei, Packereien usw. eingeteilt. Die vorhandenen schmalen, unregelmäßigen Gänge sind mit Gegenständen aller Art dicht belegt. In der Kellerdecke befinden sich viel-

---

v. 31. Mai 1922, ferner die von Prof. Henne in der Nr. 10 der „Mitteilungen der deutschen Feuerversicherungs-Vereinigung" vom Oktober 1922 sowie die Untersuchungen durch das statistische Amt der Berliner Baupolizei über das Verhalten der Dehnungsfuge und die Einsturzgefahr während des Brandes der Sarotti-Fabrik in Nr. 5 der Zeitschr. „Feuerschutz" vom Mai 1922.

fach mit Rohglas verglaste Lichtöffnungen. Zwischentreppen ohne jeden feuersicheren Abschluß führen vom Keller nach dem Erdgeschoß. Selbst der Ortskundige findet sich in diesem Riesenkellerlabyrinth nur schwer zurecht. Wie soll da eine Orientierung erst bei völliger Verqualmung des Kellers möglich sein, die bei Ausbruch eines Brandes in kürzester Frist eintreten muß. Auf meinen Vorschlag hin wurde, abgesehen von der Ausführung einer Anzahl kleinerer Sicherungsmaßnahmen, mit dem Bau von zwei breiten, den quadratischen Keller in vier Brandabschnitte teilenden feuerfesten Quergängen begonnen. Die Quergänge, die direkt auf Straßen münden, erleichtern die Orientierung ungemein und verhindern das Übergreifen eines Brandes von einem Brandabschnitt auf einen andern. Innerhalb dieser vier Abschnitte wird durch bauliche Maßnahmen, wie Ersatz der Holz- usw. Wände durch feuersichere Wände, Verwendung von Drahtglas usw., dafür gesorgt, daß ein Brand auch in einem solchen Abschnitt auf einen möglichst kleinen Herd beschränkt werden kann.

In einem anderen, ebenfalls feuerfest erbauten mehrstöckigen Gebäude besitzt das Kellergeschoß bei einer Ausdehnung von über 5000 qm an keiner Stelle eine feuer- und rauchsichere Abtrennung, obwohl die in dem Kellergeschoß zahlreich vorhandenen Wände aus feuerfestem Material hergestellt sind. Entweder sind in den feuerfesten Wänden ungeschützte Türöffnungen vorhanden, oder es befinden sich in ihnen Löcher für Rohrdurchführungen u. dgl. In den Kellerräumen befinden sich große Lager brennbarer Materialien, Tischlereien, Packerei, Versand, Möbellager usw. Bei Ausbruch eines Brandes an irgendeiner Stelle des großen Kellers würde sofort der ganze Keller verqualmen. Qualm und Hitze würden sich durch die mit den oberen Geschossen in Verbindung stehenden Treppen auch dorthin schnell verbreiten. In diesem Falle konnten fünf Brandabschnitte ohne erhebliche Kosten durch Zumauern einiger Türöffnungen und der vielen Mauerdurchbrüche geschaffen werden. Nur an einer einzigen Stelle mußte eine feuersichere Wand von geringer Ausdehnung gezogen werden.

Schließlich möchte ich hier noch folgenden interessanten Fall erwähnen. In dem Kellergeschoß eines sehr ausgedehnten, vielgeschossigen Eisenbetonbaues, in dem recht feuergefährliche Betriebe untergebracht sind, waren in dem Kellergeschoß Brandabschnitte vorgesehen. Bei näherer Prüfung der feuerfesten Trennungswände dieser Abschnitte bemerkte ich, daß durch den ganzen, 400 m langen Keller durch sämtliche feuerfesten Wände an der Kellerdecke ein Holzkanal für Kabel geführt war. Bei Ausbruch eines Brandes in irgendeinem Brandabschnitte dringt der Qualm auch sofort in die anderen Abschnitte und verqualmt in kürzester Frist den ganzen Keller. Der Holzkanal würde aber auch, da sich in dem Keller große Lager brennbarer Materialien befinden, den

Brand trotz der feuerfesten Trennungswände auf die übrigen Brandabschnitte übertragen. Auf meine Veranlassung wurde der Holzkanal
sofort um 50 cm auf jeder Seite der feuerfesten Trennungswände abgeschnitten und die Kabeldurchführungen in den Trennungswänden
selbst wurden feuersicher abgedichtet.

Als weitere in Kellergeschossen festgestellte Mängel will ich zu-
sammenfassend noch folgende anführen. In einem 200 m langen Fabrikgebäude befindet sich in ganzer Ausdehnung des Gebäudes ein begehbarer
Kabel-und Rohrkanal, der mit drei Treppenhäusern und mit Lagerräumen
im Kellergeschoß in direkter Verbindung steht. Die Verqualmungsgefahr
ist hier außerordentlich groß. Die Treppenhäuser und die Lagerräume
wurden feuer- und rauchsicher abgeschlossen. Solche begehbaren Kabel-
und Rohrkanäle verbinden nicht selten zwei entfernt liegende Fabrikgebäude. Auch hier mußte feuer- und rauchsicherer Abschluß an beiden
Gebäuden geschaffen werden. Die Gefahr derartiger Rohrkanäle liegt
aber auch in manchen Betrieben in anderer Hinsicht vor. In vielen
Großbetrieben, in denen mit feuergefährlichen Flüssigkeiten gearbeitet
wird, finden wir diese Rohrkanäle durch den ganzen Betrieb verteilt,
wenn in ihnen in einzelnen Rohrleitungen die betreffende, in dem Betriebe benötigte feuergefährliche Flüssigkeit an die Stätte ihrer Ver-
arbeitung geleitet werden kann. Tritt nun bei einem Brand der Fall ein,
daß austretende feuergefährliche Flüssigkeit in diese Rohrkanäle gelangt,
dann besteht die Gefahr, daß die brennende Flüssigkeit mit großer Geschwindigkeit das Feuer über den ganzen Betrieb verbreitet und an-
gesetzte Löscharbeiten von vornherein unterbindet. Hier ist zu erwähnen das Großfeuer in einer Spritfabrik in Hamburg, bei welchem
große Mengen ausgelaufenen Alkohols in derartige Kanäle gelangten und
dadurch dem Feuer eine Ausdehnung gaben, die für die weiteste Um-
gebung der Fabrik gefährlich wurde. Glaubt man, auf derartige Rohrkanäle nicht verzichten zu können, so muß dafür gesorgt werden, daß entweder feuergefährliche Flüssigkeit überhaupt nicht in sie hineingelangen
kann, oder die Kanäle müssen an geeigneten Stellen durch feuersichere
Trennungswände so abgedichtet sein, daß an einer Stelle in sie hinein-
gelangte feuergefährliche Flüssigkeit nicht weiter fortfließen kann als
bis zur nächsten Trennungswand.

Keller verschiedener Gebäude sind häufig durch breite Gänge miteinander verbunden, in denen viel brennbares Material, wie Bretter,
Kohlen, Holzkisten u. dgl., lagert. Feuersichere Abschlüsse sind nicht
vorhanden. Letztere wurden angelegt, und das brennbare Material
aus den Gängen entfernt. Die Decken von Hofunterkellerungen
sind feuerfest konstruiert, die Stützen aber nicht immer glutsicher
ummantelt. In den Kellern lagert brennbares Material. Hier besteht
bei Ausbruch eines Brandes in einer solchen Hofunterkellerung Ein-

sturzgefahr. Das brennbare Material wurde entfernt, da die glutsichere Ummantelung der Stützen zu hohe Kosten erfordert haben würde.

Im Erdgeschoß stehen sehr schwere Maschinen. Zur Erhöhung der Tragfähigkeit der Kellerdecken werden sie durch besondere Eisenkonstruktionen unterstützt, die aber nicht glutsicher ummantelt sind, trotzdem in den Kellern zahlreiche Holzregale aufgestellt sind und brennbare Materialien lagern. Bei einem Kellerbrande werden die schweren Maschinen durch die Kellerdecke durchbrechen, da diese Tragekonstruktionen nicht feuerwiderstandsfähig sind, auch wird die Tragekonstruktion der oberen Stockwerke zusammenstürzen. Aus dem bereits vorstehend angegebenen Grunde wurden auch in diesen Fällen alle brennbaren Gegenstände und Materialien aus den betreffenden Kellerräumen entfernt.

c) Brandabschnitte. Zweifellos ist es sehr wünschenswert, große Fabrikgebäude in Brandabschnitte zu zerlegen, denn einmal sollen sie, richtig angelegt, die Ausbreitung eines Brandes verhindern und andererseits sollen sie die Brandbekämpfung erleichtern. Die Betriebe wollen jedoch meistens von solchen Brandabschnitten nichts wissen; sie sträuben sich, auch nur eine einzige Brandmauer anzulegen, da es angeblich der Betrieb nicht gestattet, und da vor allem die Übersicht erschwert wird. So habe ich bei Besichtigungen 190—290 m lange Arbeitssäle angetroffen, die keine einzige feuerfeste Abtrennung besaßen, obwohl in den Sälen eine außerordentlich große Zahl von Personen, meist Frauen, beschäftigt waren, und der Betrieb zu den feuergefährlichen gerechnet werden mußte. In diesen Fällen habe ich das Anbringen von sogenannten Brandschürzen an den Decken in Entfernungen von etwa 40—50 m vorgeschlagen, da die Anlage von Brandabschnitten rundweg abgelehnt wurde. Über die Beschaffenheit und die Wirkungsweise der Brandschürzen hier etwas zu sagen, erübrigt sich, da sie allgemein bekannt sind.

Die Größe der Brandabschnitte, die in senkrechter und wagerechter Richtung anzulegen sind, muß von Fall zu Fall erwogen werden; allgemeingültige Regeln lassen sich hierfür nicht geben. Es wird u. a. die Art des Betriebes, seine größere oder geringere Feuergefährlichkeit, die Menge und Art der leicht brennbaren Gegenstände, die Zahl der beschäftigten Personen, der notwendige Überblick über die Räume, die Bauart des Gebäudes, das Vorhandensein von Deckendurchbrechungen, die Lage des Gebäudes u. dgl. zu berücksichtigen sein. Schematische Vorschriften über die Größe der Brandabschnitte sind mit den heutigen Anschauungen unvereinbar.

Die Brandabschnitte weisen aber noch einen sehr wunden Punkt auf. Bei der Besprechung des Sarottibrandes habe ich bereits darauf hingewiesen, daß in jenem Falle Brandabschnitte in den einzelnen Geschossen nicht vermocht hatten, die rapide Ausbreitung des Feuers aufzuhalten oder zu verhindern. Die aus dem Oberlicht in der Keller-

decke des Innenhofes emporschlagende riesige Flammensäule zerstörte
sofort alle am Hofe liegenden Fenster und übertrug so das Feuer gleichzeitig auf alle Stockwerke.

In hundert anderen Brandfällen hat sich das Feuer, trotz feuerfester Deckenkonstruktionen und Nichtvorhandensein von Deckendurchbrechungen, wie Rohr-, Kabeldurchführungen, Licht- und Luft-
schächten, Fahrstühlen, Transmissionen, Zwischentreppen u. dgl. durch
die Fenster von Stockwerk zu Stockwerk fortgepflanzt.
Erst vor einigen Monaten, bei dem Brande einer chemischen Fabrik in
der Gotzkowskystraße in Berlin, bei dem sich die feuerfeste Decken-
konstruktion ganz vorzüglich bewährt hatte, geriet das über der chemischen Fabrik in einem ausgebauten Dachgeschoß befindliche wertvolle
Lager einer anderen Firma alsbald dadurch in Brand, daß die Flammen
aus den Fenstern der brennenden chemischen Fabrik herausschlugen
und durch die Fenster des Dachgeschosses in das Lager eindrangen. Das
Lager wäre wahrscheinlich nicht in Mitleidenschaft gezogen worden,
wenn die Fenster des Dachgeschosses aus feuersicherem Glase in eisernen
Rahmen bestanden hätten. Man sieht auch hier wieder, daß die feuerfesteste Bauweise nichts nützt, wenn das Feuer, das in erster Linie
zur Ausbreitung nach oben neigt, um die feuerfesten Konstruktionen
herum durch die Fenster von Stockwerk zu Stockwerk weiter klettern
kann. Diese Gefahr, der die größte Aufmerksamkeit geschenkt werden
muß, ließe sich schon wesentlich einschränken, wenn etwa die Fenster
eines Stockwerkes und dann die des übernächsten wieder aus feuersicherem Glase in eisernen Rahmen, einfach oder besser doppelt, hergestellt würden. Vorzuziehen ist es natürlich, wenn die Fenster
sämtlicher Stockwerke aus feuersicherem Glase in eisernen Rahmen
hergestellt werden könnten. Ein Nachteil wird sein, daß die
Feuerwehrbeamten bei dem Angriff einen schwereren Stand haben
werden, da die Fenster nicht zerspringen und der Qualm nicht abziehen
kann, dafür haben sie aber den Vorteil, daß das ganze Gebäude nicht
auf einmal in allen Stockwerken brennen kann. Hinsichtlich der mit
feuersicherem Glase versehenen Fenster muß erwähnt werden, daß
die vorstehend vorgeschlagene Art, die Drahtglasfenster in eiserne
Rahmen zu legen, nur dort anzuwenden sein wird, wo die Fenster trotz
einer feuersicheren Verglasung zum Öffnen eingerichtet sind. Feuersichere Drahtglasfenster werden sonst zweckmäßig überhaupt nicht in
eiserne Rahmen gelegt, auch wenn sie nicht gekittet, sondern durch
eiserne Falze abgedichtet sind, sondern zweckmäßig direkt in das Mauerwerk eingemauert. Hierbei wird darauf zu achten sein, daß die Einmauerung so tiefgehend erfolgt, daß auch bei Heißwerden der Scheiben
diese nicht aus der Einmauerung herausgezogen und damit ihres eigentlichen Zweckes beraubt werden. Alle die anderen in Vorschlag gebrachten

Maßnahmen zur Verhinderung der Feuerübertragung von Stockwerk zu Stockwerk durch die Fenster, wie feuersichere Fensterläden, Anbringen von Brausen über den Fenstern, die im Brandfalle einen schützenden Wasserschleier vor den Fenstern erzeugen[1]), ferner Auskragungen aus feuersicheren Baustoffen u. dgl. dürften im Ernstfalle nur einen bedingten Wert haben.

Die bei den Brandabschnitten in senkrechter Richtung ausgeführten feuerfesten Wände können sich besser bewähren, wenn die in den feuerfesten Wänden etwa vorhandenen feuersicheren Türen bei Ausbruch des Brandes auch tatsächlich geschlossen sind. Auf den Wert solcher Türen wird nachfolgend bei Abschnitt f noch näher eingegangen werden. Hierbei wird sehr häufig die Beobachtung gemacht, daß feuersichere Türen, welche als solche auch selbstschließend sind, sehr häufig aus Betriebsrücksichten festgesetzt werden.

d) **Brandmauern, Scheidewände.** Von einer allen Anforderungen genügenden Brandmauer wird verlangt, daß sie keine Öffnungen hat, bei verbrennlicher Dachkonstruktion überall mindestens 30 cm[2]) über die Dachfläche des Gebäudes hinausragt und eine solche Stärke hat, daß die Brandmauer eine ausreichende Standfestigkeit besitzt sowie Hitze nicht durchdringen läßt. Der Wert einer Brandmauer verringert sich in dem Maße, in dem die vorstehenden Anforderungen nicht erfüllt sind.

Letzteres trifft leider in sehr vielen Fällen zu. Mauerdurchbrüche, Tür- und Fensteröffnungen in Brandmauern sind nichts Ungewöhnliches. Aus Ersparnisrücksichten werden z. B. über feuersicheren Türen in Brandmauern große viereckige Öffnungen angelegt, um in ihnen Pausenglocken, elektrische Notlampen u. dgl. anzubringen. Glocken und Lampen genügen dann für zwei benachbarte Betriebsräume. Das heißt doch wirklich Sparsamkeit am falschen Platze üben!

Auf den besichtigenden Feuerwehrfachmann macht es einen merkwürdigen Eindruck, wenn er Brandmauern antrifft, die vorschriftsmäßig über die Dachfläche geführt und allseitig sorgfältig mit Dachpappe bekleidet sind, oder wenn sich direkt über oder in unmittelbarer Nähe von Brandmauern große hölzerne Dachaufbauten befinden, die trotz der Brandmauer sofort Feuer fangen würden, oder wenn die Brandmauern nicht über die Traufkanten der brennbaren Dachkonstruktionen hinausgeführt sind, oder wenn in einer Brandmauer auf dem Dachgeschoß, in dem sich große Lager leicht brennbarer Materialien befinden, einfach ein großes Loch geschlagen und ein Rundholz hindurchgesteckt wird, um daran einen Aufzug für Bauzwecke zu befestigen, oder wenn der Eigentümer stolz auf drei Brandmauern eines

---

[1]) Hinweise auf die sogenannten Drencherleitungen der Sprinkleranlagen.

[2]) Im allgemeinen ist 60 cm üblich.

Verwaltungsgebäudes hinweist und bei der Besichtigung des Dachgeschosses festgestellt wird, daß die in den Brandmauern vorgesehenen Türöffnungen mit Bretter- und Holzlattentüren verschlossen sind, während der Holzfußboden durch die Türöffnungen von einem Bodenteil zum anderen führt, oder wenn in einer Brandmauer ein großer Holzkasten eingebaut ist, der einen Motor für Antriebszwecke enthält, da in der Betriebsabteilung jenseits der Brandmauer kein Platz für die Aufstellung des Motors vorhanden ist, oder wenn sich in der Brandmauer einer Riesenhalle, die Tischlereien und Möbellager enthält, zwischen zwei großen eisernen Schiebetüren eine ebenso große Öffnung ohne jeden Verschluß befindet usw. Doch einer außergewöhnlichen Patentlösung von Brandmauern muß ich hier noch besonders gedenken. In einer sehr großen industriellen Anlage befinden sich, noch aus der Zeit der Kriegswirtschaft stammend, mehrere, etwa 90 m lange und je 22 m breite Fachwerkshallen mit hölzerner Dachkonstruktion und Pappeindeckung. Je zwei solcher Hallen liegen unmittelbar nebeneinander. Der in den Hallen vorhandene Betrieb ist recht feuergefährlich. Schon von außen bemerkte ich auf den bogenförmig gestalteten Dächern je zwei Brandmauern. Als ich die Hallen betrat, konnte ich jedoch keine Brandmauern im Innern der Hallen entdecken. Ich begab mich daher auf das Dach und stellte dort fest, daß man Hohlziegelsteine mit der Längsseite hochkantig in den Teer des Pappdaches eingedrückt hatte. Es war ein leichtes, mit dem Stiefelabsatz solche Steine herauszuschlagen. Trotz größter Mühe war es mir nicht möglich, Erfinder und Zweck dieser merkwürdigen „Brandmauern" festzustellen.

Eine große Gefahr für die schnelle Übertragung eines Feuers bilden sodann Transmissionen, die häufig auch durch Brandmauern hindurchgeführt sind, ferner Öffnungen für Rohr- und Kabeldurchführungen. Das gleiche gilt für hölzerne Verbindungsbrücken zwischen zwei Gebäuden, die an ihren beiden Enden keinen feuersicheren Abschluß haben. Von Interesse dürfte auch die Angabe sein, daß sehr lange Schuppen mit leicht brennbarem Inhalt etwa in der Mitte auf ca. 10 m unterbrochen worden sind, um die Errichtung einer kostspieligen Brandmauer zu vermeiden. Der so geschaffene Zwischenraum ist jedoch völlig wertlos, wenn er mit Kisten, Brettern usw. vollkommen ausgefüllt wird, wie man das sehr häufig beobachten kann. Hier muß auch noch folgendes Verfahren gebrandmarkt werden. Es stehen z. B. zwei große Schuppen, aus Fachwerk oder aus Holz errichtet, ca. 20 m voneinander entfernt. Eines Tages wird der Zwischenraum von 20 m mit einem Holzpappdach überdeckt, an den beiden Giebelseiten werden Fachwerk oder Holzwände errichtet, die Fenster der ehemals frei stehenden Schuppen bleiben unverändert oder es werden manchmal die Fensterflügel noch herausgenommen. So steht mit einem Male ein dreiteiliger Schuppen da, der im Brandfalle völlig vernichtet wird, da in ihm feuerfeste oder feuersichere Abtrennungen fehlen.

Das gleiche Verfahren wird sehr oft bei bereits bestehenden großen Hallen angewandt. Wenn es der Betrieb erfordert, wird seitlich eine neue Halle angebaut, auf die das vorstehend bei den Schuppen Gesagte sinngemäß zutrifft. Es gibt Hallen, die sich in einigen Jahren bezüglich der Zahl verzehnfacht haben. Mit jeder neuen Halle wächst die Gefahr der Vergrößerung eines evtl. eintretenden Brandschadens. Nicht eine einzige Brandmauer ist in solchen Riesenhallen anzutreffen. Man sieht nur die ehemaligen langen Seitenfrontwände mit den Fenstern und den zerbrochenen Fensterscheiben, falls die Fensterflügel nicht ganz entfernt worden sind.

In den Betrieben finden sehr häufig Umstellungen statt, mit denen stets eine anderweitige Nutzung und Einteilung der Räume verbunden ist. In den Betrieben werden daher mit Vorliebe leichte Scheidewände verwendet, die sich schnell versetzen lassen. Besonders häufig sieht man solche Scheidewände in den Keller- und Dachgeschossen, wo sie zur Abgrenzung von Materialienlagern, kleineren Werkstätten, Bureaus u. dgl. dienen. Aber auch in den übrigen Geschossen werden solche leichten Scheidewände verwendet. Sie bestehen meistens aus einfachen, ungeputzten Holzwänden, aus Drahtgeflecht mit Stoff- oder Pappverkleidung, aus Eisenblech mit Verglasung von gewöhnlichem Fensterglas usw. Aus dem bereits angeführten Grunde, d. h. infolge häufiger Betriebsumstellungen, ist gegen die Verwendung der vorstehend aufgeführten leichten Scheidewände nur schwer eine Änderung bei der Betriebsleitung zu erreichen. Verlangt wird von mir wenigstens die allmähliche Ausmerzung der Drahtgeflechtwände sowie der Ersatz der gewöhnlichen Fensterscheiben in Eisenblechwänden durch feuersicheres Glas.

Unter diesen Umständen muß der Ausbildung vorhandener feuersicherer Scheidewände besondere Aufmerksamkeit gewidmet werden. Scheidewände aus Wellblech[1]) haben sich bei vielen Bränden nicht bewährt. Meistens stehen an solchen Wänden Holzregale, auch lagern beiderseits brennbare Materialien. Infolge der Hitzeentwicklung findet sehr bald eine Übertragung des Brandes auf die benachbarten Abteilungen statt. Letzteres tritt übrigens bei jeder anderen Konstruktion aus wärmeleitenden Baustoffen ein, sofern sie nicht genügend stark gewählt worden ist, um eine Hitzeübertragung zu verhindern. Ferner hat sich bei Bränden wiederholt gezeigt, daß alle Konstruktionen von Zwischenwänden, die an nicht glutsicher umhüllten eisernen Trägern u. dgl. aufgehängt sind, schon nach kurzer Zeit in sich zusammensinken, wenn sich die Eisenkonstruktionen infolge der Erhitzung in ihrer Form

---

[1]) Wellblech gilt nicht als feuerwiderstandsfähig.

ändert. Im übrigen muß auch bei den feuersicheren Scheidewänden dafür gesorgt werden, daß die in ihnen vielfach vorhandenen Fenster- und sonstigen Öffnungen feuersicher verschlossen werden, sowie daß vorhandene Türöffnungen, die sehr oft mit Lattentüren oder gewöhnlichen Holztüren versehen sind, in denen sich noch mit Glasscheiben verschlossene Öffnungen befinden, feuersichere Abschlüsse erhalten.

e) **Treppen.** Von hervorragender Bedeutung für die Sicherheit der Personen und für den Angriff bzw. die Rettungsmaßnahmen seitens der Feuerwehr bei einem Brande sind die Treppenhäuser. Im allgemeinen muß gefordert werden, daß von jedem Arbeitsraume eines mehrgeschossigen Fabrikgebäudes aus stets zwei Treppen zu erreichen sind. In besonderen Fällen kann als zweite Treppe ein Rettungsweg für genügend erachtet werden.

Gegen diesen Grundsatz wird sehr häufig verstoßen. Sind zwei Treppen vorhanden, dann liegen sie nicht selten falsch. Sie liegen z. B. nicht an den beiden Giebelseiten eines langgestreckten Gebäudes, sondern oft 30 m und mehr von den Giebeln entfernt. Es bilden sich auf diese Weise sogenannte „Säcke", die als Menschenfallen bezeichnet werden können. Bricht das Feuer in der Nähe der einen Treppe aus, so ist den in dem „Sacke" beschäftigten, oft sehr zahlreichen Personen ein Entkommen unmöglich. Aus diesem Anlaß haben sich bei Bränden schon wiederholt recht schwierige Rettungshandlungen ergeben. In jedem solchen Falle empfehle ich stets dringend die Anlage eines Rettungsweges in der Nähe der Giebel. Bezüglich dieser Rettungswege, es sind meist eiserne an der Gebäudefront senkrecht herabgeführte Leitern mit Podesten für männliche und eiserne schräge Notabstiege mit Geländer und Podesten für weibliche Personen, möchte ich hier einschalten, daß die Podeste vor den Fenstern sehr oft falsch liegen. Sie schneiden mit der Fensterbrüstung ab, statt in Höhe des Fußbodens angebracht zu sein. In dem letzteren Falle gewährt die Fensterbrüstung den sich rettenden Personen wie den angreifenden Feuerwehrbeamten einen Schutz gegen nachdrängende bzw. herausschlagende Flammen. Nicht unerwähnt will ich lassen, daß bei senkrecht an der Frontwand herabgeführten eisernen Steigeleitern vielfach aus Ersparnisrücksichten die Podeste fehlen. Diesem Verfahren kann nur zugestimmt werden, wenn es sich um die Rettung einzelner Personen handelt. Kommt jedoch die Rettung einer größeren Zahl von Personen in Betracht, dann sind Podeste unbedingt erforderlich. Ich empfehle stets die Anlage von Podesten ohne Rücksicht auf die Personenzahl, da erfahrungsmäßig die Verwendung der Betriebsräume und damit die Zahl der in ihnen beschäftigten Personen häufig wechselt.

Als eine grobe Fahrlässigkeit muß die Anlage von Verschlägen unter Treppen bezeichnet werden, wie man sie fast in jeder Fabrik vorfindet.

In diesen Verschlägen lagern nicht selten recht brennbare Materialien, wie Firnis, Terpentin, Putzwolle, Holzabfälle u. dgl. Im Erdgeschoß der Treppenhäuser kann man Gasmesser und Selasgasanlagen vorfinden. In vielen Fabriken wird die Aufstellung von Gasmessern usw. in den Treppenhäusern geradezu begünstigt. Gasmesser und Selasgasanlagen gehören in Räume, die mit Treppenhäusern in keiner direkten Verbindung stehen.

Sehr wichtig ist eine ausreichende Entlüftung der Treppenhäuser. In sehr vielen Treppenhäusern fehlt eine Entlüftungsvorrichtung gänzlich. Ist eine solche vorhanden, dann entspricht sie in vielen Fällen nicht den an eine wirksame Entlüftung zu stellenden Anforderungen. Die Rauchklappen befinden sich nicht an der höchsten Stelle des Treppenhauses, der Querschnitt der Rauchklappen, der etwa 5% der Grundfläche des Treppenhauses betragen soll, ist viel zu klein, die nach den Höfen führenden Zugvorrichtungen sind ganz unzulänglich; sie funktionierten entweder gar nicht oder die zu dünnen Drähte zerrissen sehr bald bei der Probe.

Besonders merkwürdig war ein Fall, in dem es sich um ein sehr hohes aufgestocktes Gebäude handelte. Die Rauchabzüge in den zahlreichen Treppenhäusern bestanden aus je einem an der höchsten Stelle angebrachten Zinkrohr von den Abmessungen der gewöhnlichen Regenabfallrohre. An der unteren Seite konnten die Zinkrohre durch kleine Blechklappen vorschriftsmäßig vom Hofe aus geschlossen und geöffnet werden.

Scharf muß auch der sehr häufig beobachteten Unsitte, in den massiven Treppenhauswänden Fensteröffnungen anzubringen, um gewisse Stellen der Betriebsräume zu erleuchten, entgegengetreten werden. In einem Brandfalle stand dicht unter einer solchen Fensteröffnung in dem Betriebsraume eine hölzerne Meisterbude. Letztere fing Feuer, das Fenster wurde zerstört, und das Treppenhaus war sofort unbegehbar. Lassen sich derartige Fensteröffnungen in Treppenhäusern durchaus nicht umgehen, dann müssen sie wenigstens aus feuersicherem Glase in eisernen Rahmen hergestellt werden. Besser aber ist es, man vermeidet solche Öffnungen in Treppenhäusern gänzlich.

Der Forderung, daß Treppenhäuser von den Kellergeschossen unbedingt feuer- und rauchsicher abgeschlossen sein müssen, wird vielfach nicht genügt. Die Treppenhäuser stehen mit Lagern im Keller, die nicht selten leicht brennbare Materialien enthalten, in direkter Verbindung. Fahrstühle und Fahrstuhlmotoranlagen, die innerhalb des Treppenhauses vom Keller bis zum Boden führen, sind gegen den Keller und Boden nicht rauch- und feuersicher abgeschlossen. In Treppenhäusern, die sonst allen feuersicherheitlichen Anforderungen entsprechen, sind oft mehrere Rohr- und Kabelschächte vom Keller bis zum Dachgeschoß geführt. Auf die verhängnisvolle Wirkung solcher Schächte habe ich bereits gelegentlich der Besprechung des Sarottibrandes hingewiesen.

Der feuersichere Abschluß der einzelnen Stockwerke nach den Treppenhäusern erscheint eigentlich als eine Selbstverständlichkeit, und doch wird hiergegen in zahlreichen Fällen verstoßen. Selbst wenn feuersichere Türen vorhanden sind, so werden neben den Türen, namentlich zur Beleuchtung der hinter den Treppenhäusern vielfach vorhandenen Verbindungsgänge der Arbeitsräume große, mit gewöhnlichem Glas verglaste Fenster angelegt. Da in diesen Verbindungsgängen häufig auch noch brennbare Gegenstände und Materialien gelagert werden, würde das Treppenhaus im Brandfalle leicht unbegehbar werden.

Den soeben erwähnten Verbindungsgängen hinter Treppenhäusern muß noch aus einem anderen Grunde große Beachtung geschenkt werden. In einem 130 m langen Seitenflügel eines großen, mehrstöckigen Fabrikgebäudes führen z. B. zwischen den Treppenhauswänden und der Nachbargrenzmauer durch alle Geschosse breite Verbindungsgänge von einem Betriebsraum zum andern. In diesen Gängen lagert sehr viel brennbares Material. Bei Ausbruch eines Brandes in irgendeinem Stockwerk wird der 130 m lange Seitenflügel in kürzester Zeit vollständig verqualmen. Aber auch das Feuer wird sich ungehindert ausbreiten. Mir sind Fälle aus der Praxis bekannt, in denen die Feuerwehr nach mühsamem Aufbrechen einer feuersicheren Tür den Brand in dem fraglichen Stockwerk angriff in der Meinung, das Treppenhaus bilde einen feuerfesten Abschluß, bis sie bald darauf die Entdeckung machen mußte, daß das Feuer hinter dem Treppenhause herum auf den benachbarten Abschnitt übergesprungen war. Wo ich bei Besichtigungen derartige Verbindungsgänge antraf, habe ich darauf gedrungen, daß in ihnen keine brennbaren Materialien gelagert werden, und daß sie einen feuer- und rauchsicheren Abschluß erhielten.

Sehr ungünstig für den schnellen Angriff seitens der Feuerwehr bei einem Dachstuhlbrande ist es, wenn die Treppen, wie dies leider häufig der Fall ist, nicht bis zum Dachgeschoß durchgeführt sind. Die Zugänge zum Dachgeschoß liegen dann oft recht versteckt abseits der Treppe. Man gelangt zum Dachboden entweder über Nebentreppen oder, was besonders ungünstig ist, durch Luken. Die zu den Luken gehörenden Leitern werden mit Vorliebe zu anderen Zwecken verwendet und sind im Brandfalle unauffindbar.

Über die Konstruktion der Treppen brauche ich mich hier nicht zu verbreiten. Jede Bauordnung enthält genaue Vorschriften, auch verweise ich nochmals auf die auf S. 23 in der Fußnote angegebenen Veröffentlichungen. Hervorheben möchte ich nur, daß auch jetzt noch, namentlich in älteren Fabriken, sehr viele Treppen aus unverkleidetem

Eisenblech bestehen. Es muß unbedingt dahin gestrebt werden, Eisentreppen glutsicher zu ummanteln und sie so gegen Zusammenbruch zu schützen.

f) **Feuersichere Türen.** Feuersichere Türen müssen als ein notwendiges Übel bezeichnet werden. Wo irgend Türöffnungen in Brandmauern oder feuerfesten Wänden entbehrt werden können, sollte man sie vermeiden. Denn es ist ohne weiteres zuzugeben, daß die feuerfesteste Tür vollkommen wertlos ist, wenn sie in offenem Zustande festgestellt oder wenn die vorgeschriebene selbsttätige Zuwerfvorrichtung beschädigt oder gar absichtlich entfernt worden ist. Leider sind aus Betriebsrücksichten Türöffnungen in den Brandmauern und feuerfesten Wänden und somit feuersichere Türen nicht zu umgehen. Die vorstehend geschilderten Mängel feuersicherer Türen lassen sich nur durch die schärfste Kontrolle seitens der Betriebsleitungen und durch rücksichtsloses Vorgehen gegen die Übeltäter beseitigen. Und so kann man beobachten, daß nur in industriellen Anlagen, in denen dem Feuerschutz großes Interesse entgegengebracht wird, Verstöße gegen die vorschriftsmäßige Behandlung der feuersicheren Türen sehr selten vorkommen. Leider aber kann man in den meisten Betrieben in dieser Hinsicht recht traurige Erfahrungen machen.

Daß die Türen sehr häufig in offenem Zustande festgestellt und die Zuwerfvorrichtungen beschädigt oder entfernt werden, habe ich bereits erwähnt. Dagegen sind Ausgangstüren während der Betriebszeit verschlossen; die Baskülverschlüsse (Theaterriegelverschlüsse) sind so fest gestellt, daß sie sich nicht betätigen lassen. Wegen der gefürchteten Diebstahlsgefahr werden nicht selten im Innern der Betriebsräume Eisenstangen mit Schlössern vorgelegt. In den neben den Türen angebrachten Schlüsselkästen finden sich oft verschiedene Schlüssel für mehrere Türen. Die Feuerwehrbeamten müssen sich mitunter längere Zeit quälen, um im Brandfalle z. B. von dem Treppenhause durch eine solche feuer- und diebessichere Tür in den brennenden Raum zu gelangen. Natürlich gewinnt in dieser Zeit das Feuer ganz erheblich an Ausdehnung. Die Ausgangstüren schlagen häufig nach innen auf, auch befinden sich an ihnen Schubriegel. Als besonders bedenklich möchte ich erwähnen, daß in einem Falle Arbeiter mit Zustimmung des Meisters eine feuersichere Tür in einer Kellerwand einfach ausgehoben und sie etwa 10 m abseits in einen Kellergang gestellt hatten, weil die Tür sie beim Transport von Waren störte. Eine halbe Stunde später war die Tür auf meine Veranlassung wieder ordnungsmäßig eingehängt.

Merkwürdig berührt es auch, wenn in feuersicheren Türen mit gewöhnlichem Glas verglaste Fensteröffnungen angebracht sind, um „den Betrieb besser kontrollieren zu können". Es ist nichts Ungewöhnliches, feuersichere Türen in „hölzernen Türrahmen" anzutreffen oder die Tat-

sache, daß der Holzfußboden unter der feuersicheren Tür hindurch
geht; massive Schwellen fehlen sehr oft[1]). Häufig schlagen die Türen
nicht in Falze; Türen mit „schräger Aufhängung", „versetzten Hängen"
lassen sich über den sogenannten toten Punkt hinaus öffnen, wodurch
die Wirkungsweise der schrägen Aufhängung natürlich aufgehoben
wird. Bei Holztüren ist häufig nur eine Seite der Tür mit Eisenblech
beschlagen; die schmalen Querflächen an Holztüren sind nicht mit
Eisenblech beschlagen. Solche Türen haben nur geringen Wert, da Holztüren nur dann als feuersicher anzusehen sind, wenn sie allseitig mit
Eisenblech bekleidet sind.

Eine große Unsitte ist es, in Zwischenwänden feuersichere Türen,
namentlich reine eiserne, ohne Einlage, beiderseits mit brennbaren
Gegenständen und Materialien zu verstellen. In solchen Fällen nützen
die feuersicheren Türen gar nichts; das Feuer springt alsbald nach
dem benachbarten Raume über. Um Zug zu vermeiden, werden sehr
häufig innerhalb der Betriebsräume vor den Ausgangstüren „Wind-
fänge" angebracht. Letztere haben aber meist nicht die erforderliche
Breite der Ausgangstüren, ja es ist sogar ein Flügel des Windfanges festgestellt, ebenfalls um den Zug noch mehr zu vermindern. Ganz einfach
erfolgt die Sicherung gegen Zug häufig durch Verstopfen mit Säcken und
Anbringen von Stoffvorhängen, so daß die Türen als solche gar nicht
kenntlich sind. Welch geringer Wert seitens einzelner Betriebe mitunter
den feuersicheren Türen beigemessen wird, geht auch daraus hervor,
daß ich wiederholt oberhalb von feuersicheren Türen große Öffnungen
in dem Mauerwerk vorfand, und daß als Folge unsachgemäßer An-
bringung der Türen das Mauerwerk in der Nähe der Türrahmen stark
beschädigt war.

Erwähnung verdienen schließlich noch die vielfach anzutreffenden
eisernen Schiebetüren. Als Ausgangstüren eignen sie sich gar nicht. In
Zwischenwänden sind sie auch nicht zweckmäßig, da sie meistens nicht
dicht schließen und so Rauch und Feuer hindurchlassen.

Auf die Konstruktion von feuersicheren Türen brauche ich hier
nicht einzugehen. Die Türen müssen bestimmten Anforderungen genügen und werden auf Grund von Brandproben von den Baupolizei-
behörden zugelassen. Vielfach sind Vorschläge gemacht worden, wie
Türen, die in gewissen Betrieben während der Arbeitszeit unbedingt
offengehalten werden müssen, bei Ausbruch eines Brandes selbsttätig
geschlossen werden können, wie z. B. durch dünnen leicht brennbaren
Bindfaden mit Gegengewicht, Zündschnüre, Celluloidstreifen oder durch
Ketten, in denen ein Glied aus leicht schmelzbarem Metall besteht. Ich
halte von allen diesen Vorrichtungen nicht viel, da ihr sicheres Arbeiten

---

[1]) Diese Vorschrift ist nicht in jeder Bauordnung vorgesehen.

keineswegs gewährleistet ist. Es wird sehr auf die Art des Betriebes, ob z. B. Staub erzeugt wird, ob das verarbeitete Material sehr leicht brennbar ist, ob mit dem Auftreten langer Stichflammen zu rechnen ist usw., ankommen. Ich bin immer mehr dafür gewesen, vorhandene Türen in Brandmauern und Zwischenwänden, sofern sie nicht unbedingt notwendig sind, zumauern zu lassen. Mit jeder zugemauerten Türöffnung erhöht sich die Feuersicherheit der ganzen Anlage.

g) Dachgeschoß. Die Dachgeschosse spielen in bezug auf Entstehung und Umfang von Bränden eine wichtige Rolle. In den Dachböden werden, wie man sich fast bei jeder Besichtigung überzeugen kann, brennbare Gegenstände und Materialien aufbewahrt, für die an anderer Stelle kein Platz vorhanden ist. Auf den Böden sind oft ausgedehnte Modell und Aktenlager, Plankammern, Archive, photographische Ateliers, Lichtpauseanstalten, Holzlager, Werkstätten u. dgl. untergebracht. Dazu kommt, daß auf den Böden leichter ein Brand entstehen kann durch Übertreten des Rauchverbotes, Verwenden unvorschriftsmäßiger Beleuchtungskörper, Flugfeuer, entweder von einer benachbarten Brandstelle oder von Schornsteinen, Mängel an Schornsteinen, ferner durch Rauchrohre von eisernen Öfen, die nicht selten bis zu 20 m durch den Bodenraum gezogen sind, um dann ganz plötzlich nicht etwa in ein massives Schornsteinrohr, sondern durch eine Dachluke ins Freie zu münden. Der bei einem Dachstuhlbrande eintretende Schaden wird erheblich vergrößert, wenn die Decke des unter dem Dachboden liegenden Geschosses nicht feuersicher ist. Der Brand kann sich dann nicht nur auf das untere Stockwerk ausdehnen, sondern der entstehende Wasserschaden wird auch ein recht bedeutender sein. Ich habe daher jede sich mir bietende Gelegenheit wahrgenommen, um den Besitzern der Anlagen zu empfehlen, die Fußböden der Dachgeschosse wenigstens durch Zementestrich od. dgl. von oben zu schützen.

Was nun die Dacheindeckungen anbetrifft, so stehen die Wünsche der Feuerwehrbeamten denen der Anhänger möglichst feuerfester Dacheindeckungen gerade entgegengesetzt gegenüber. Brennt die Dachdeckung schnell durch, dann entweichen Qualm und Hitze; die Feuerwehrbeamten können das Feuer unbelästigt sofort erfolgreich angreifen. Der Schaden bleibt geringer, auch ist kein oder nur ein sehr geringer Wasserschaden zu verzeichnen. Solche den Feuerwehrbeamten genehme Dachdeckungen sind z. B. Schiefer und Ziegel auf Latten. Alle die anderen Dacheindeckungen, wie z. B. Schiefer auf Schalung, Pappdach, Glasdach (feuerfestes Glas), Asbest, Schiefer- bzw. Eternittplattendach, Zementplattendach, die verschiedenen Metalldächer, das Holzzementdach usw. erschweren den Angriff der Feuerwehr ungemein. Unter Verwendung von großen mechanischen Leitern muß versucht werden, in die Dachhaut Löcher zu schlagen, ein mühsames und zeitraubendes Beginnen.

Ich habe bei Besichtigungen große Dachböden, bestehend aus den eigentlichen Dachböden und den sogenannten Spitzböden, angetroffen, deren Dachkonstruktion vollkommen aus Eisen mit allseitiger Betonumhüllung bestand. In den sehr steilen Dachflächen befanden sich doppelte mit feuersicherem Glase verglaste Dachfenster. Dabei waren die Böden und Spitzböden vollgepfropft mit brennbaren Materialien. Für die Feuerwehr wäre es in diesen Fällen ganz unmöglich gewesen, bei einem Brande in die Bodenräume einzudringen, und zwar um so weniger, als die Feuerwehr von außen an die Dachflächen nicht herankommen kann. Auf meine Veranlassung wurde der Versuch gemacht, einige Dachfenster durch Drahtzugverbindungen, ähnlich wie bei den Rauchklappen, von den Treppenpodesten aus zu öffnen. Aber schon nach Ausführung an zwei Fenstern mußte der Versuch als aussichtslos aufgegeben werden. Die Führung der Drahtzüge gestaltete sich auf den Böden, namentlich den Spitzböden, zu verwickelt; bei einer Probe zerrissen die Drahtzüge. Ich habe daher vorgeschlagen, in die Ketten, die die Fenster zuhalten, je ein Kettenglied aus leicht schmelzbarem Metall einzuschalten, so daß sich die Dachfenster bei einem Brande selbsttätig öffnen. Das klingt zunächst widersinnig, denn der Laie sagt sich, durch die feuerfeste Konstruktion des Daches und die Verwendung von Doppelfenstern aus feuersicherem Glase soll ja eben jeder Luftzug vermieden und das Feuer dadurch verhindert werden, sich weiter auszudehnen. Wenn es der Feuerwehr jedoch nicht möglich ist, an den Brandherd heranzukommen, wird das Weiterfressen des Feuers in den leicht brennbaren Materialien über sämtliche Dachstühle nicht zu verhindern sein. Die Verwendung von Rauchschutzapparaten und Gasmasken kommt hier wegen der Ausdehnung der Böden und der Unregelmäßigkeit der schmalen Gänge nicht in Frage. Es wäre sehr erwünscht, wenn die Erbauer solcher ganz moderner Gebäude mit feuerfesten Dachkonstruktionen auch etwas Rücksicht auf die Möglichkeit eines schnellen Angriffes seitens der Feuerwehr bei einem Dachstuhlbrande nehmen würden.

Bedenklich ist ferner eine feuerfeste Dachkonstruktion, die auf ungeschützten schmiedeeisernen Gitterstützen ruht. Ich habe solche Dachkonstruktionen vielfach angetroffen. In einem Falle in einer Länge von 400 m! Brandabschnitte sind zwar vorhanden, doch befinden sich in den Trennmauern feuersichere Türen, die den Wert solcher Trennmauern, wie bereits ausgeführt, wesentlich herabmindern. Entsteht in einem solchen Dachboden ein Brand, so muß mit dem baldigen Einsturz der schweren Dachkonstruktion gerechnet werden. Hierdurch sind aber nicht nur die Feuerwehrbeamten stark gefährdet, es besteht auch die Wahrscheinlichkeit, daß durch den Einsturz der Dachkonstruktion des einen Brandabschnittes die benachbarten in Mitleidenschaft gezogen werden, trotzdem vielleicht die feuersicheren Türen in den Trennmauern geschlossen waren. M. E. müssen bei derartigen Dachkonstruktionen alle Eisenteile glutsicher ummantelt werden.

Als unzulässig muß es ferner bezeichnet werden, wenn in den Dachgeschossen der Werke Wohnungen für Angestellte eingerichtet werden, die in keiner Weise den baupolizeilichen Vorschriften für Wohnungen entsprechen, wenn in die Dachgeschosse Garderoben, Wasch- und Abortanlagen verlegt und wenn schließlich auf Dachböden, deren Ausgangs- und Treppenverhältnisse recht ungünstige sind, Vorführungsräume für Kinematographenapparate, elektrische Beleuchtungseffekte u. dgl., sowie Vortragsräume für 90 Personen und mehr, nebst den dazugehörigen Experimentierräumen, angelegt werden.

h) **Garagen, Lagerung feuergefährlicher Flüssigkeiten, Räume für die Herstellung von Acetylen, Karbidlager, Tränkereien, Lackierereien, Härtereien, Transformatoren- und Ölschalterräume, Tischlereien, Lagerung von Säuren und Chemikalien, Aufbewahren von Flaschen mit verflüssigten und verdichteten Gasen, Heiz- und Beleuchtungsanlagen, Akkumulatorenräume sowie Aufzüge und Ventilationseinrichtungen.** Die in diesen Räumen festgestellten bau- und feuerpolizeilichen Mängel sind derart umfangreich, daß es weit über den Rahmen dieser Arbeit hinausgehen würde, wollte ich es unternehmen, sie im einzelnen anzuführen. Nachstehend sollen daher nur einige der oben angeführten Räume als Beispiele herausgegriffen werden, um zu zeigen, in welcher Richtung sich jene Mängel bewegen.

In Garagen fehlt sehr häufig die Bodenentlüftung, oder sie ist, wenn vorhanden, verstopft. Heizung erfolgt sehr oft durch unvorschriftsmäßige Öfen, sogar eiserne Öfen sind zu finden. Garagen sind durch einfache Holzwände von benachbarten Bureauräumen, Betriebs- und Versandräumen getrennt, sie stehen aber auch mit anderen Räumen in direkter Verbindung, in denen mit offenem Feuer gearbeitet wird. In den Garagen lagern häufig mit Benzin gefüllte Kannen, ja sogar Fässer u. dgl. mehr.

Die Lagerräume für feuergefährliche Flüssigkeiten sind oft an ganz merkwürdigen Stellen der Fabrikgebäude untergebracht. So findet man sie auf den Dachböden, namentlich aber in den Kellergeschossen. Gegen die Unterbringung in Kellern ist an sich nichts einzuwenden, wenn die Lagerräume vorschriftsmäßig angelegt sind. Das ist aber vielfach nicht der Fall. Es gibt in Kellern Lagerräume für feuergefährliche Flüssigkeiten, die keinen direkten Zugang von außen haben; es fehlen Beleuchtung durch Tageslicht und Ventilation. Die massiven Türschwellen von genügender Höhe fehlen, ebenso die Überglocken an den elektrischen Beleuchtungskörpern (Schalter und Sicherungen?). Es kommt auch vor, daß solche Lagerkeller nur durch einfache Holzwände von den übrigen Kellerräumen abgetrennt sind. Wie bei dem Brande eines solchen Lagerraumes im Keller die Feuerwehr an den Brandherd gelangen soll, ist unerfindlich. Hier gibt es viele Arbeit noch zu leisten. Sehr mangelhaft sind auch die Rettungswege. Entweder sie fehlen gänzlich oder sie sind verstellt, verstopft, verschlossen und somit ungangbar. Die in den Lagern ständig beschäftigten Arbeiter ahnen gar nicht, in welcher Gefahr sie sich befinden. Werden sie darauf hingewiesen, so lautet die Antwort meistens: „Ich bin schon so und so viele Jahre hier beschäftigt und es ist niemals etwas passiert." Ganz zu verwerfen sind Einsteigeluken mit Steigeisen in Lagerkeller für feuergefährliche Flüssigkeiten in unterkellerten Höfen. Die Luken sind so groß, daß durch sie volle Fässer herabgelassen und leere mittels Kräne emporgewunden werden können. Ein in einem solchen Keller zum Ausbruch kommendes Feuer verbreitet sich so rasend schnell, die Flammen schlagen sofort durch die Einsteigeluken, daß es den im Keller beschäftigten Arbeitern unmöglich ist, sich zu retten. Ich war stets froh, wenn ich solche Menschenfallen heil verlassen konnte. Auf weitere Ausführung von Mängeln in Lagern feuergefährlicher Flüssigkeiten muß ich aus dem bereits angegebenen Grunde verzichten[1]).

Einige Worte möchte ich mir noch gestatten über die Transformatoren- und Ölschalterräume. Behördliche Vorschriften, wie solche für alle anderen Anlagen erlassen sind, bestehen zur Zeit nicht[2]). Selbst in Fachkreisen sind die Ansichten über Lage und bauliche Beschaffenheit solcher Räume noch sehr verschieden. Man kann jetzt Transformatoren und Ölschalterräume in Kellern an Stellen finden, an denen sie nur schwer zugänglich sind, oft stehen große Transformatoren inmitten von Betriebsräumen, gegen welche sie nur durch ein Drahtgitter abgeschlossen sind, oder aber man kann Ölschalter usw. auch hoch oben an der Decke von Galerien in großen Hallen vorfinden. Bei dieser verworrenen Sachlage habe ich für den Bau neuer Transformatorenräume folgende Richtlinien vorgeschlagen:

1. Lage der Räume grundsätzlich im Erdgeschoß. Mindestens eine Wand des Raumes muß Außenwand sein.

2. Wände und Decken sind aus unverbrennlichem Material herzustellen.

3. Der Fußboden muß aus für Öl undurchlässigem Material bestehen und ist unter den Transformatoren mit genügendem Gefälle zu versehen, um den Abfluß auslaufenden Öles nach einer außerhalb des Gebäudes angeordneten Ölsammelgrube sicherzustellen.

---

[1]) Siehe auch die Bestimmungen der neuen Mineralölverordnung.

[2]) Wohl aber Verbandsvorschriften des Verbandes Deutscher Elektrotechniker.

4. Der Raum muß mindestens einen Zugang von außen haben.

5. Verbindungsöffnungen nach Betriebs- und Lagerräumen sind mit feuersicheren Türen zu versehen.

6. Fenster sind aus feuersicherer Verglasung in eisernen Rahmen herzustellen[1]). Nur ins Freie führende Fenster dürfen sich öffnen lassen.

7. Innerhalb der Transformatorenräume dürfen Kabelkanäle nur so angelegt werden, daß im Gefahrfalle brennendes Öl in sie nicht gelangen kann.

8. Für ausreichende Entlüftung ins Freie mit Zu- und Abführung der Luft ist Sorge zu tragen.

Anmerkung: Mit Ausnahme der Ziffern 1, 4, 7 und 8 gelten die vorstehenden Richtlinien auch für Räume, in denen Ölschalter aufgestellt werden.

i) Lage der Garderoben. Die für große Betriebe erforderlichen Garderoben müssen bei Bearbeitung von Feuerschutzfragen unter allen Umständen erwähnt werden, da derartige Räume, in denen die Garderoben der zahlreichen Betriebsangestellten untergebracht werden, hinsichtlich der Feuerentstehung erfahrungsgemäß von großer Bedeutung sind. Es ist eine nicht abzuleugnende Tatsache, daß in großen Maschinenfabriken, auf den Werften und ähnlichen Betrieben viele Feuer gerade in den Garderobenräumen der Arbeiter und Angestellten ihren Anfang nahmen.

Ob hierbei das Hinhängen öldurchtränkter Arbeitskleider oder die beim Betreten des Werkes achtlos in die Tasche gesteckte, noch glühende Pfeife oder die trotz bestehender Verbote in den Betrieb mit hineingebrachte Acetylenlampe der Fahrräder, welche sorgfältig in den Kleidern versteckt wird, eine Rolle spielt, soll hier nicht untersucht werden. Die feuersichere Abtrennung der Garderobenräume von den Betriebsräumen ist daher ohne Zweifel durchaus geboten, wobei wesentlich zu beachten sein wird, daß durch diese feuersichere Abtrennung nicht nur die Übertragung eines Feuers von der Garderobe auf den Betrieb, sondern auch die Übertragung eines Betriebsfeuers auf die Garderobe sehr bedenklich sein kann. In sehr vielen Fällen sind die Garderoben auf den Dachböden und in den einzelnen Stockwerken, in z. T. recht versteckt liegenden kleinen Räumen untergebracht. Man kann Garderoben in Holzverschlägen vorfinden, in denen noch hölzerne Zwischenböden eingezogen worden sind, die über Holztreppen zu erreichen sind. Werden in diesen Räumen noch brennbare Materialien gelagert sowie eiserne Öfen aufgestellt, dann verdienen sie mit vollem Recht, da zweite Rettungswege nicht vorhanden sind, die Bezeichnung „Menschenfallen". Letzteres gilt aber vor allem, wenn, wie dies leider häufig genug vor-

---

[1]) Dem eisernen Rahmen wird die Einmauerung von Drahtglas vorzuziehen sein.

kommt, Garderoben in den oberen Stockwerken hinter Lackierereien, Pack- und Versandräumen liegen, und wenn diese Räume keinen zweiten Rettungsweg besitzen.

Die Garderoben liegen am besten im Keller. In großen industriellen Werken kann man musterhafte Anlagen dieser Art sehen. Garderobenräume von ungewöhnlicher Ausdehnung sind von den übrigen Kellerräumen durchaus feuersicher abzuschließen. Die Zugänge zu diesen Garderobenräumen finden ausschließlich direkt von außen statt, niemals sollten sie mit einem Treppenhause in Verbindung stehen. Jeder Garderobenraum hat mindestens zwei direkt ins Freie, nicht durch Lagerräume des Kellers führende Ausgänge. Bei einer derartigen Anordnung wird niemand auf den Gedanken kommen können, bei Ausbruch eines Brandes noch erst die Garderobe zu holen, wie dies vielfach beobachtet worden ist, trotzdem große Plakate besagen, daß die Garderobe, mit Ausnahme von Wertsachen, gegen Vernichtung oder Beschädigung durch Brand versichert ist. Alle Angestellten werden vielmehr auf dem schnellsten Wege ihre Arbeitsstätten verlassen. Es wäre, zu wünschen, daß sich diese Art der Anordnung der Garderoben immer mehr einbürgert.

2. Schlußfolgerung. Es sollte der Beweis erbracht werden, daß trotz der zahlreichen Verordnungen und der von den Behörden ausgeübten Kontrollen in vielen industriellen Anlagen schwere bau- und feuerpolizeiliche Mängel bestehen. Ich glaube, die unter Ziffer 2a—i angeführten Beispiele werden für die Beweisführung genügen. Und dabei muß noch besonders betont werden, daß jene Beispiele keinen Anspruch auf Vollständigkeit machen, denn die restlose Aufführung aller vorgefundenen Mängel würde den Rahmen dieser Arbeit weit überschreiten. Es ist ferner zu beachten, daß es sich hier, im Vergleich zu den in Deutschland bestehenden industriellen Anlagen, nur um einen ganz winzigen Bruchteil solcher Anlagen handelt.

Die sich ständig mehrenden Großschäden in industriellen Anlagen sind zweifellos zum Teil auf die vielen bestehenden bau- und feuerpolizeilichen Mängel zurückzuführen. Die Entstehungsursachen der Brände liegen nun vielfach nicht im Betriebe. Es ist ganz unmöglich, jeden einzelnen Arbeiter zu überwachen. Unachtsamkeit im Gebrauch mit Streichhölzern, Zigaretten usw., Unsauberkeit sowie Unachtsamkeit im Umgange mit Licht, in der Bedienung der Heizvorrichtungen usw. sind sehr häufig die Entstehungsursachen von Bränden. Die Arbeiter sind mit der Feuerlöschtechnik zu wenig vertraut. Die älteren Arbeiter haben auf Grund evtl. früher gemachter trüber Erfahrungen wohl noch Interesse für den Feuerschutz, die jüngeren nur sehr selten. Es gibt einsichtige Besitzer industrieller Anlagen, die für den Feuerschutz viel tun. Viele aber legen keinen besonderen Wert auf einen guten Feuerschutz. Letzteres zeigt sich besonders dann, wenn Betriebsumstellungen u. dgl. vorgenommen werden, wenn große, oft recht ungünstig gelegene Räume, in denen bisher ganz ungefährliche Arbeiten ausgeführt wurden, plötzlich mit feuergefährlichen Betrieben belegt werden. Alle diese Umstellungen werden in den allermeisten Fällen ohne behördliche Genehmigung ausgeführt. Erhält die Behörde zufällig Kenntnis von solchen Veränderungen der Benutzungsart der seinerzeit genehmigten Baulichkeiten, dann bitten die Fabriken um nachträgliche Genehmigung, die ihnen unter Auflage einiger Vorschriften meistens erteilt werden muß, da andererseits die Betriebe möglichst durch die behördlichen Maßnahmen wirtschaftlich nicht geschädigt werden sollen.

Aus diesen Ausführungen dürfte hervorgehen, daß sich Brände in industriellen Anlagen niemals ganz vermeiden lassen werden. Die bau- und feuerpolizeilichen Maßnahmen, die die Ausbreitung eines Brandes über ein gewisses Maß hinaus unter allen Umständen verhindern sollen, sind daher von der allergrößten Bedeutung. Da die Behörden nicht über das genügende Personal verfügen, um die industriellen Anlagen ständig zu überwachen, müssen Mittel und Wege gefunden werden, diese sehr erhebliche Lücke in dem polizeilichen Sicherheitsdienste auszufüllen. In welcher Weise dies evtl. geschehen könnte, soll in dem Abschnitt D untersucht werden.

III. Feuerbekämpfung.

Die „Feuerbekämpfung" ist nicht Gegenstand dieser Arbeit. Das Hauptgewicht mußte in ihr auf das schwierigere Kapitel „Feuerverhütung" gelegt werden. Für die zur „Feuerbekämpfung" zu treffenden Maßnahmen haben sich bereits allgemeingültige Regeln herausgebildet. Einrichtungen von industriellen Berufsfeuerwehren werden wohl stets unter Zuziehung beratender Feuerwehringenieure erfolgen. Abgesehen von derartigen größeren Feuerwehreinrichtungen, würden für die Feuerbekämpfung im allgemeinen folgende Abschnitte zu behandeln sein:

1. Feuermelde- und Alarmwesen, hierbei insbesondere Sprinkler- und automatischer Feuermeldeschutz.

2. Organisation der ersten Löschhilfe.

3. Feuerlöschmittel für den ersten Angriff. Handfeuerlöscher.

4. Wasserversorgung für Feuerlöschzwecke.

5. Erlaß von Vorschriften zur Verhütung von Bränden.

6. Überwachung der Anlagen, besonders nach Betriebsschluß sowie an Sonn- und Festtagen durch Feuerwehr- oder Sicherheitsbeamte bzw. durch Wächter.

7. Sanitäts- und Krankentransportwesen.

Aus dieser Einteilung, die ein ungefähres Bild der im Interesse der Feuerbekämpfung zu treffenden Maßnahmen gibt, dürfte schon hervorgehen, daß es im Rahmen der vorliegenden Arbeit ganz unmöglich ist, auf jene Abschnitte näher einzugehen. Das Gebiet der Feuerbekämpfung ist so umfangreich, daß es genügend Stoff für eine besondere Arbeit „Feuerbekämpfung" bieten würde.

Besonders anerkennend muß hier hervorgehoben werden, daß in Deutschland bereits eine große Zahl industrieller Anlagen, großer und auch kleiner, dazu übergegangen ist, eigene Feuerwehren, seien es Berufsfeuerwehren, Berufsfeuerwachen oder freiwillige Fabrikfeuerwehren, einzurichten.

Die Besitzer industrieller Anlagen, die über solche oft recht umfangreichen Einrichtungen verfügen, dürfen nun aber nicht, wie dies leider so häufig zu beobachten ist, in den Fehler verfallen, zu glauben, daß in ihren Anlagen ein großer Brandschaden nicht mehr entstehen kann, da ja die stets schlagfertige Fabrik-Feuerwehr jedes entstandene Feuer sofort auf seinen Herd beschränkt. In vielen Fällen wird dies gewiß gelingen, doch bleibt die beständige Gefahr bestehen, daß das Feuer auch einmal „durchgeht", wie der technische Ausdruck lautet. Ein Beispiel aus der Praxis möge das Gesagte bekräftigen.

Im November 1922 brach in Berlin in einem Kabelwerk ein Brand aus. Das Werk verfügte über eine verhältnismäßig starke, mit Motorspritzen usw. gut ausgerüstete eigene Berufsfeuerwehr. Das Brandobjekt bestand aus einem hallenartigen, quadratischen Bau, dessen Seiten je 300 m betrugen. Der quadratische Hallenbau wurde ungefähr in der Mitte von Norden nach Süden und von Westen nach Osten durch Kreuzgänge in vier Abteilungen zerlegt. Die Kreuzgänge waren derart angeordnet, daß die eine Seite durch Brandmauern, in denen sich feuersichere Türen befanden, die andere Seite durch glutsicher ummantelte Säulen gebildet wurden. Die Decken der Kreuzgänge waren feuerfest. In einem Geschoß über den Kreuzgängen befanden sich Garderoben, Lager, Bureauräume u. dgl. Alle Fenster des oberen Geschosses bestanden aus Drahtglas in eisernen Rahmen.

Das Feuer brach nachmittags gegen 4 Uhr etwa in der Mitte der nordöstlichen Abteilung aus. Es gewann infolge der leicht brennbaren Materialien sehr schnell an Ausdehnung. Die Fabrik-Feuerwehr war vollkommen machtlos. Nach und nach trafen etwa 15 Feuerwehrlöschzüge aus Berlin auf der Brandstelle ein. Da die Wasserversorgung für Feuerlöschzwecke sehr günstig war, konnten von den Feuerwehren 25 Schlauchleitungen in Tätigkeit gesetzt werden. Trotz aller Anstrengungen der Feuerwehren hatte sich das Feuer nach etwa 2 Stunden über eine Fläche von 22500 qm ausgedehnt und war bis an die Brandmauern der Kreuzgänge vorgedrungen, wo es zum Stehen kam. Der Wind war sehr ungünstig, er wehte aus Nordost und trieb Qualm und Flammen gegen die übrigen drei Abteilungen des Hallenbaues.

4*

Es besteht kein Zweifel, daß die Rettung von drei Abteilungen des Hallenbaues lediglich den Brandmauern zu verdanken war. Ohne das Vorhandensein der Brandmauern hätte das Feuer in kürzester Zeit sein Vernichtungswerk vollendet. Der ganze 90000 qm umfassende Bau wäre restlos zerstört worden. Dank den Brandmauern konnte der Brandschaden auf den vierten Teil der Halle beschränkt bleiben.

Dieses Beispiel sollte die Besitzer industrieller Anlagen dahin belehren, daß neben den vollkommensten Einrichtungen für die „Feuerbekämpfung" der „Feuerverhütung" die allergrößte Aufmerksamkeit zu widmen ist. Die Besitzer industrieller Anlagen müssen bestrebt sein, auch wenn die vorhandenen Feuerlöscheinrichtungen noch so vollkommen sind, die unbedingt notwendigen bau- und feuerpolizeilichen Maßnahmen ohne Verzug auszuführen, bzw. über diese hinaus noch weitere Sicherheitsmaßnahmen zu treffen. Nur so können sie sich vor schweren Schäden und längeren Betriebsstörungen bewahren. Wie dieses zur Zeit im Rahmen der gegebenen Verhältnisse erfolgen kann, soll im nächsten Abschnitt als Schlußfolgerung behandelt werden.

D. Schlußfolgerungen.

Nachdem in den vorstehenden Abschnitten an der Hand von Beispielen klargelegt worden ist, wie der Feuerschutz in den einzelnen großen und kleinen Fabrikbetrieben, teilweise aus Unkenntnis der wirklichen Gefahren, welche in den Betrieben schlummern, teilweise aus wirtschaftlicher Notlage heraus in einer Weise durchgeführt ist, die vom Standpunkt des einsichtsvollen und modernen Feuerwehrtechnikers in vielen Fällen beanstandet werden muß, stellt sich naturgemäß die Frage ein, wie solche Verhältnisse geändert werden können.

Wenn man sich diese Frage stellt, so wird man ohne Zweifel dabei zu beachten haben, daß eine Besserung dieser Verhältnisse nicht nur dem betreffenden Betriebe insofern zugute kommt, als dieser vor direkten Feuersgefahren bewahrt wird, sondern vor allen Dingen auch, daß durch eine Verbesserung der Feuerschutzeinrichtungen der Betrieb wettbewerbsfähig und damit wirtschaftlich gestärkt wird.

Wer diese Frage stellt, wird sich von vornherein darüber klar sein müssen, daß es zweierlei Wege gibt, auf denen eine Verbesserung des Feuerschutzes erreicht werden kann.

Man wird die Frage zu prüfen haben, ob die vorhandenen Gesetze die Möglichkeit aufweisen, auf diesem Gebiete grundlegende Änderungen hervorzurufen, oder ob, sofern die Gesetze hier versagen, es möglich ist, auf dem Wege der freiwilligen Mitarbeit von seiten der Betriebsleitungen und von Fall zu Fall zugezogener Sachverständiger das Ziel zu erreichen.

Betrachten wir zuerst die Frage, welche gesetzlichen Maßnahmen in Betracht kommen könnten, so erkennen wir vor allen Dingen, daß eine reichsgesetzliche Regelung auf diesem Gebiete bisher wohl verschiedentlich angestrebt, aber nie zum Ende hat durchgeführt werden können.

Ohne Zweifel wäre der Sache erheblich gedient, wenn es gelänge, den gesamten vorbeugenden und abwehrenden Brandschutz, wie er in Deutschland zum Besten der Großindustrie, aber auch der kleineren Betriebe wünschenswert erscheint, reichsgesetzlich weitgehender, als es die R. G. O. verlangt, zu regeln.

In dieser Richtung hatte im April 1918 der Verband deutscher Berufsfeuerwehrmänner (V. D. B.) versucht, durch eine Eingabe an den Bundesrat und den Reichstag zu erreichen, daß die Frage geprüft werde, ob neben der Übernahme der Feuerversicherung durch das Reich auch die Forderung zur Schaffung eines Brandschutzamtes Aussicht auf Verwirklichung habe.

In ähnlicher Weise hat der Deutsche Versicherungsschutzverband und 1919 der Provinzialverband der Feuerwehren Schlesiens sowie der Westpreußische Feuerwehrverband Eingaben an die Nationalversammlung gemacht, welche alle dieselben Ziele im Auge hatten.

Gleichzeitig mit diesen Eingaben versuchte der im April 1919 niedergesetzte „Vereinigte Ausschuß zur reichsgesetzlichen Regelung des Brandschutzwesens" die maßgebenden Stellen, welche an der im Werden begriffenen deutschen Reichsverfassung arbeiteten, für diese Sache zu interessieren.

In der Sitzung dieses Ausschusses im Mai 1919, an welcher die Vertreter des Reichsvereins deutscher Feuerwehringenieure, des V. D. B., des Deutschen Reichsfeuerwehrverbandes, der Vereinigung der höheren technischen Baupolizeibeamten, des Vereins der Gewerbeaufsichtsbeamten Deutschlands und des Zentralinnungsverbandes der Schornsteinfegermeister teilnahmen, wurde eine Eingabe an die Nationalversammlung beschlossen, deren Grundgedanke folgender war:

„Für den Wiederaufbau unserer Volkswirtschaft ist es von größtem Interesse, daß unnütze und unproduktive Geldausgaben fortan vermieden werden, und daß Arbeitskräfte nicht verschwendet werden. Berechtigte Forderungen, die auf den vorbeugenden und abwehrenden Brandschutz Bezug haben, müssen daher mit allen zu Gebote stehenden Mitteln weiter verfolgt werden."

Früher, als man glaubte, nahm der Verfassungsausschuß diesen betreffenden Artikel auf. Große Eile war geboten; es fanden Verhandlungen mit den Parteiführern der Nationalversammlung, den einzelnen Parteien und dem Verfassungsausschuß statt. Bereits am 27. Mai 1919 erfolgte in der Sitzung des Verfassungsausschusses die Beratung des

Artikels 9 der Reichsverfassung. Dieser Artikel 9 ist dann unverändert
in den Entwurf aufgenommen worden. Am 4. Juli 1919 kam in dem Verfassungsausschuß der Artikel zur Durchberatung. Inzwischen hatten
jedoch die Mehrheitsparteien und eine gewisse Zahl von einzelnen
Staaten einen Kompromiß gebildet. Auf Grund dieses Kompromisses
mußten alle neuen Anträge im Verfassungsausschuß zurückgezogen
werden, sobald ein Widerspruch dagegen von einzelnen Staaten erfolgte.
Wie nicht anders zu erwarten war, erhob sich gegen den Standpunkt
des „Vereinigten Ausschusses" Widerspruch, und zwar auf Grund der
vom Ausschuß vorgeschlagenen Abänderung der Kompetenzgewalt des
Reiches und der Gliedstaaten.

Zu weiteren Verhandlungen kam es gar nicht, der Antrag mußte
infolge des Kompromisses zurückgezogen werden, und damit war der
Weg, auf reichsgesetzlicher Grundlage die Regelung des Feuerschutzes
zu erreichen, für lange Zeit gesperrt.

Ein letzter Versuch, die ohne Zweifel für alle Bundesstaaten gleich
bedeutungsvolle Frage des Feuerschutzwesens reichsgesetzlich zu regeln,
wurde dann im Jahre 1921 gemacht, wo in Naumburg a. S. sich der
„Vereinigte Ausschuß zur reichseinheitlichen Regelung des Feuerschutzwesens" bildete[1]). Der in dieser Sitzung gebildete Ausschuß hat
praktisch aber nie arbeiten können; seine Aufgabe war derart, daß in
absehbarer Zeit ihre Lösung unmöglich erschien.

Betrachtet man diese Tatsachen, so kann man das betrübliche
Ergebnis aller dieser Versuche nur verstehen, wenn man die Feuerschutz-
und Feuerwehrverhältnisse, wie sie in Deutschland seit vielen Jahren
bestehen, in ihrer geschichtlichen und wirtschaftlichen Entwicklung
untersucht. Diese Untersuchung würde ohne Zweifel weit über den
Rahmen dieser Arbeit hinausgehen und auch nur in einem bedingten
Zusammenhange mit dem vom Verfasser angestrebten Ziele stehen.
Es braucht nur darauf hingewiesen zu werden, daß das Feuerschutz-
wesen nicht nur in den einzelnen Bundesstaaten, sondern sogar in den
einzelnen Provinzen der Bundesstaaten teilweise nach verschiedenen
Grundsätzen und Gedanken geregelt ist, und es braucht nur auf die Ver-
schiedenheit der Volksstämme in unserem deutschen Vaterlande und die
immer wieder zutage tretende Sucht nach Eigenbrödelei auf jedem Gebiete, also auch auf dem des Feuerlöschwesens, hingewiesen werden,
um zu erkennen, daß hier der reichseinheitlichen Regelung die aller-
schwersten Widerstände entgegengebracht worden wären. Wer diese
Sachlage erkennt, der wird zugeben müssen, daß bei der Eigenart der
in Frage kommenden Verhältnisse auch die rein technische Regelung

---

[1]) Der Ausdruck „reichseinheitlich" wurde gewählt, als erkannt wurde,
daß der Ausdruck „reichsgesetzlich" bei vielen Bundesstaaten von vornherein Ablehnung fand.

dieser Frage mit Recht auf Schwierigkeiten stoßen wird, da wohl auf keinem Gebiete, wie gerade auf dem Gebiete des Feuerschutzwesens, die Eigenart des Landes, die in Frage kommenden Verkehrsverhältnisse, die örtlichen Verwaltungsverhältnisse und die zur Verfügung stehenden Mittel entscheidend für die Ausübung des Feuerschutzes sein mußten. Wenn schon auf dem Gebiete der Feuerbekämpfung diese Verhältnisse unendlich schwer auf eine gemeinsame Grundlage zurückgeführt werden könnten, so erscheinen die Schwierigkeiten, wenn man das Gebiet der Feuerverhütung betritt, noch erheblich schwieriger.

Während bei der Feuerbekämpfung letzten Endes die zu lösende Aufgabe klar und technisch eindeutig dadurch vorgeschrieben ist, daß eben die Löschung eines Brandes mit mehr oder minder starken Löschmitteln das Endziel aller Bemühungen sein muß, so kommt auf dem Gebiete der Feuerverhütung hinzu, daß man hier über die Lösung der gestellten Aufgabe der verschiedensten Meinung sein kann, und daß es unmöglich ist, überhaupt rein technisch-wissenschaftliche Dinge schematisch gesetzlich zu regeln.

Erkennt man nun, wenn auch mit schwerem Herzen, daß auf dem Wege des Gesetzes das Ziel, den Feuerschutz in großen und kleinen Betrieben über das gesetzliche Maß hinaus auszubauen, nicht erreicht werden kann, dann wird die zweite Frage zu beantworten sein, ob es noch andere Wege gibt, auf denen wir diesem Ziele näherkommen können.

Man hat den Gedanken aufgeworfen, die für Feuerschutzfragen in Betracht kommenden größeren fachwissenschaftlichen Verbände für die Frage zu interessieren, und versucht, sich die Mitarbeit dieser Verbände zu sichern. Für diese Mitarbeit kommen in Betracht: der Verband der Feuerversicherungsanstalten, der Reichsverband deutscher Feuerwehringenieure, der preußische Feuerwehrbeirat, die A. Z.-Stelle und die verschiedenen Landesfeuerwehrverbände.

Alle diese Vereinigungen bearbeiten in der einen oder anderen Form auf gemeinschaftlicher Grundlage alle diejenigen Fragen, welche mit der feuerbekämpfenden und feuerverhütenden Tätigkeit der Feuerwehr, sei es nun Berufs- oder freiwillige, Pflicht- oder Fabrikfeuerwehr, im Zusammenhang stehen; immer aber in der Art, daß sie allgemein interessierende Fragen aufwerfen, bearbeiten und das Ergebnis der Arbeiten durch die von ihnen unterhaltenen öffentlichen Zeitschriften der Allgemeinheit zugänglich machen. Diese Art der Beeinflussung der öffentlichen Meinung und der für die Sicherheit maßgebenden Amtsstellen hat insofern eine Schwäche, als diese Veröffentlichungen ohne Zweifel einen wertvollen Beitrag für die Erhöhung und den weiteren Ausbau des Feuerschutzes darstellen, ihnen aber jegliche Macht fehlt, bei den Entscheidungen der Sicherheitsbehörde berücksichtigt zu werden, es sei denn, daß die Sicherheitsbehörden sich die hier niedergelegten Erfahrungen zunutze machen.

Erklärlich werden diese Verhältnisse, wenn man bedenkt, daß alle diese Verbände einen direkten Einfluß auf die für die öffentliche Feuersicherheit maßgebenden Amtsstellen nicht haben, und daß diese Amtsstellen in ihren Entscheidungen sich lediglich auf Gesetze und Verordnungen stützen können, deren Erlaß auf Grund etwaiger Reichs- oder Landesgesetze bzw. der Reichsgewerbeordnung und des Strafgesetzbuches erfolgt (siehe auch Abschnitt B I, 1 ff.).

Es soll nicht verkannt werden, daß die Veröffentlichungen vorgenannter Verbände in der einen oder anderen Richtung ohne Zweifel die maßgebenden Stellen der Gewerbeaufsicht und der Landespolizeibehörden interessieren; immerhin wird aber der Grad der Beeinflussung abhängig von der persönlichen Stellungnahme des in Frage kommenden Dezernenten sein.

Die Frage der Verbesserung des Feuerschutzes durch die Feuerversicherungsanstalten mit Hilfe einer Prämienpolitik zu lösen, ist in heutiger Zeit unmöglich, da die Versicherungsgesellschaften zur Zeit, um überhaupt geschäftlich einigermaßen Erfolge zu erzielen, sich derartig an Prämien unterbieten, daß hierdurch von vornherein jegliche Prämienherabsetzung auf Grund besonderer Feuerschutzmaßnahmen praktisch unwirksam gemacht wird. (Siehe auch B. II, 1, S. 18.)

Will man die angestrebten Ziele erreichen, so wird man schon andere Wege einschlagen müssen, hierbei aber nicht zu vergessen haben, daß Verhältnisse, wie sie mit Erfolg in einzelnen großen Städten durchgeführt worden sind, für andere Städte und für weitere Landesgebiete nicht durchführbar sind. Hier Vergleiche anzustellen und damit zu verlangen, daß die für einige Großstädte sich günstig zeigenden Ergebnisse nun auch für die Allgemeinheit günstig anzusprechen sind, würde bedeuten, daß diese Frage von vornherein auf ein totes Gleis geschoben wird.

In einzelnen großen Städten, welche neben einer vorzüglich organisierten Polizei- und Gewerbeaufsicht über eine moderne Berufsfeuerwehr verfügen, wird es ein leichtes sein, diese drei Behörden, von denen die Polizeibehörde und das Gewerbeaufsichtsamt exekutive Gewalt haben, auf dem Verordnungswege dazu zu bringen, daß die von der Berufsfeuerwehr auf der Brandstelle gemachten Erfahrungen von den genannten Behörden in ihren Entschließungen nutzbar gemacht werden. Dieser Gedanke wird in der Form durchgeführt, daß die Berufsfeuerwehr sich gutachtlich zu allen Fragen äußert, welche ihr von der Bau- oder Sicherheitspolizeibehörde bzw. vom Gewerbeaufsichtsamt vorgelegt werden, während wiederum diese drei zuletzt genannten Behörden verpflichtet sind, vor grundsätzlichen Entscheidungen das Gutachten der Feuerwehr zu erbitten. Die Feuerpolizei ist auf diese Weise derartig eng mit der Berufsfeuerwehr verbunden, daß letzten Endes bei Bearbeitung eines Betriebes in sicherheitlicher Hinsicht die Berufsfeuerwehr mit allen ihren Erfahrungen und Kenntnissen sich in der feuerverhütenden Tätigkeit des Gewerbeaufsichtsamtes, der Baupolizei und der Polizeibehörde voll auswirken kann. Daß es möglich ist, in dieser Weise die Frage der Feuerpolizei zu regeln, zeigen die Verhältnisse, wie sie in Altona, Bremen, Dortmund, Dresden, Duisburg, Hamburg, Lübeck, München, Nürnberg, Stralsund und an anderen Orten vorhanden sind.

Eine Feuerpolizei, auf welche aber die Berufsfeuerwehr gar keinen oder nur bedingten Einfluß hat, entbehrt des wichtigsten Faktors, der eben bei den feuerpolizeilichen Entschließungen von maßgebendem Einfluß sein soll, nämlich der Erfahrung auf der Brandstelle.

Es ist selbstverständlich nicht Aufgabe dieses Buches, an bestehenden Verhältnissen lediglich bittere Kritik zu üben, sondern es sollen maßgebende Stellen auf Punkte hingewiesen werden, welche verbesserungsfähig erscheinen, und deren Verbesserung der Allgemeinheit zugute kommen wird.

Die Regelung der Feuerpolizei, wie sie in manchen Städten zu beobachten ist, und wie sie letzten Endes darauf hinausläuft, daß irgendeine Abteilung der zuständigen Polizei auf die Durchführung erlassener sicherheitlicher Verordnungen und Gesetze achtet, ohne die Feuerwehr zu hören, erscheint so bedenklich, daß an ihr nicht achtlos vorübergegangen werden kann. Merkwürdigerweise muß hier als Beispiel die Hauptstadt Deutschlands, Berlin, erwähnt werden, wo es noch nicht gelungen ist, die Frage der Feuerpolizei so zu regeln, daß unter allen Umständen die dazu gerade bei der Berliner Feuerwehr in außerordentlich ausgedehntem Maße vorhandenen Erfahrungen und Kenntnisse bei Ausübung der Feuerpolizei unter allen Umständen zur Geltung gebracht werden. Ohne auf die Verhältnisse näher einzugehen, mag nur darauf hingewiesen werden, daß gerade in Berlin, das sonst auf dem Gebiete des Feuerschutzes in vieler Richtung vorbildlich erscheint, das Verhältnis zwischen Feuerpolizei und Feuerwehr auf endgültige Klärung drängt. Es kann keinesfalls genügen, daß die Feuerwehr sich darauf beschränkt, ausgebrochene Brände zu bekämpfen oder sich gelegentlich gutachtlich bei Schutzmaßnahmen zu äußern; ihre Haupttätigkeit muß im Gegenteil darauf beruhen, die Entstehung eines Brandes überhaupt durch geeignete Maßnahmen nach Möglichkeit zu verhindern und die Vorbedingungen für den Ausbruch eines Schadenfeuers auf ein ganz geringes Maß zu beschränken. Es sollte nicht mehr die Möglichkeit gegeben sein, daß infolge mangelhafter feuerpolizeilicher Voraussicht bei baulichen oder betriebstechnischen Maßnahmen oder nicht reibungslosem Zusammenarbeiten zwischen Feuerwehr und Feuerpolizei im Brandfalle große materielle Werte vernichtet werden oder daß gar Menschenleben verlorengehen.

Betrachtet man aber das Verhältnis der Feuerpolizei zur Feuerwehr, so muß gleichfalls, wenn man die Sache richtig ansehen will, auch das Verhältnis der Feuerwehr zu den Gewerbeaufsichtsämtern berücksichtigt werden. Jeder, der die Frage des Feuerschutzes bearbeitet, sollte nicht vergessen, daß im weitesten Umfange die Träger des Feuerschutzgedankens auf gesetzlicher Grundlage die Gewerbeaufsichtsämter sind, deren Amtsbefugnisse durch die Reichsgewerbeordnung im weitesten Maße festgelegt sind, und die ihrerseits allein oder im Verein mit der Landespolizeibehörde die Macht haben, Beseitigung feuergefährlicher Zustände zu erzwingen.

Daß bei dieser Sachlage, zumal die Arbeitskraft der Gewerbeaufsichtsbeamten gewissen Begrenzungen unterliegt, es nicht immer möglich sein wird, auch beim besten Willen in den Betrieben, seien es nun große oder kleine Betriebe, sicherheitliche Verhältnisse zu erzwingen, die tatsächlich (im Brandfalle) geeignet sind, die Entstehung eines Brandes zu verhüten bzw. einen einmal ausgebrochenen Brand auf seinen Herd zu beschränken, bedarf keiner weiteren Ausführung. Es muß anerkannt werden, daß gerade die Gewerbeaufsichtsbeamten im weitesten Maße dort, wo sie Gelegenheit haben, sich der Mitarbeit der Feuerwehrtechniker gern bedienen, was aber schließlich nur dort möglich ist, wo eben die Arbeitskräfte einer Berufsfeuerwehr vorhanden sind, d. h. also in nur wenigen großen Städten.

Daß neben diesem Zusammenarbeiten zwischen Polizeibehörde und Gewerbeaufsichtsamt einerseits und einer Feuerwehr andererseits in denjenigen Städten, in denen eine Berufsfeuerwehr nach wissenschaftlichen Grundsätzen geleitet wird, eine kostenlose Beratung des Publikums in Feuerschutzfragen erfolgen und erfolgreich auf den Feuerschutz einwirken kann, ist selbstverständlich. Der Einrichtung besonderer Feuerschutzämter, wie es bei einzelnen kleineren Feuerwehren geplant ist, bedarf es m. E. nicht, da letzten Endes die gesamte Berufsfeuerwehr ein Feuerschutzamt für das Publikum im weitesten Sinne des Wortes sein sollte.

Nachdem im vorstehenden nunmehr alle diejenigen Gesichtspunkte gestreift worden sind, welche für die Durchführung eines wirksamen amtlichen Feuerschutzes und einer wirklich zweckhabenden Beratung in Feuerschutzfragen in Betracht kommen könnten, und nachdem hierbei erkannt worden ist, daß eine Änderung dieser Verhältnisse ganz allgemein für Stadt und Land, wie es im vorhergehenden ausgeführt ist, auf gesetzlichem oder verwaltungstechnischem Wege nicht möglich ist, muß geprüft werden, ob noch andere Möglichkeiten bestehen, Verbesserungen auf diesem Gebiete zu erzielen.

Der Grundgedanke dieser Arbeit von Anfang bis zu Ende liegt
darin, daß der Feuerschutz eines Betriebes günstig gestellt und nur dann
wirksam erhalten werden kann, wenn bei Errichtung des Betriebes von
vornherein die Erfahrungen des modernen Feuerwehrtechnikers nutzbar
gemacht werden, und wenn der Betrieb dann laufend hinsichtlich seiner
feuersicherheitlichen Verhältnisse unter der Kontrolle eines geeigneten
Feuerwehrsachverständigen gehalten wird. Nachdem nun erkannt ist,
daß diese Kontrolle gesetzlich den Betrieben nicht aufgezwungen werden
kann, wird zu entscheiden sein, inwieweit die Kontrolle freiwillig ausgeübt und von den Fabrikbetrieben angenommen werden kann. Hier
sind nun die verschiedensten Vorschläge gemacht worden. Von einer
Seite ist vorgeschlagen worden, diese Kontrolle durch Feuerwehringenieure ausüben zu lassen, welche zu diesem Zwecke ihre Arbeitskraft sogenannten Arbeitsgemeinschaften von in einem Bezirke zu-
sammengefaßten Großbetrieben zur Verfügung gestellt haben.

Man hat sich die Kontrolle derart gedacht, daß innerhalb dieser
Arbeitsgemeinschaften den einzelnen Feuerwehringenieuren gewisse Betriebe zugeteilt werden, welche von diesen regelmäßig bearbeitet und
kontrolliert werden, und daß die von den Betrieben hierfür aufgewandten
Kosten nur zu einem Teil dem Gutachter, zum anderen Teil der Arbeits-
gemeinschaft für gemeinnützige wissenschaftliche Zwecke auf dem Gebiet des Feuerlöschwesens zufließen sollten. Dieser Gedanke, der auf
den ersten Blick etwas ungemein Bestechendes hat, erscheint aber
undurchführbar, wenn man seine praktische Auswirkung durchdenkt.
Er beruht auf dem Gedanken, einen Teil der Arbeitskraft, welche
dem Feuerwehringenieur einer Großstadtwehr innewohnt, für gemeinnützige Zwecke nutzbar zu machen und dadurch selbstverständlich auf
der anderen Seite der eigentlichen Berufstätigkeit zu entziehen. Es
wird wohl kaum eine Stadtverwaltung geben, welche sich eine derartige
Ausnutzung der von ihr verpflichteten Arbeitskräfte in der Dienstzeit
gefallen lassen wird. Mit Recht wird sie darauf hinweisen, daß eine
bessere Ausnutzung dieser Arbeitskräfte für Selbstzwecke der Stadt der
Tätigkeit dieser Arbeitsgemeinschaften voranzugehen hat. Wenn daher
dieser Vorschlag, d. h. die Ausnutzung der Arbeitskräfte der Feuerwehringenieure für größere Gebiete keinen Erfolg verspricht, so bleibt als
zweiter Vorschlag derjenige, die Kontrolle der Betriebe durch geschäftliche Unternehmungen ausführen zu lassen, die eben aus dieser Tätigkeit
ein Geschäft machen wollen, und die sich bei der Ausübung ihrer Tätigkeit
der Erfahrung von aus dem Dienst geschiedenen Feuerwehringenieuren
oder im Dienst befindlicher Feuerwehringenieure in Form von Gutachtern bedient.

Auch dieser Gedanke hat ohne Zweifel etwas Bestechendes, es ist
nur zu beachten, daß immer diesen Unternehmungen das Mißtrauen ent-

gegengebracht wird, daß die von den kontrollierenden Angestellten einer solchen Gesellschaft vorgeschlagenen Maßnahmen in irgendeiner Form nicht von wissenschaftlichen, sondern geschäftlichen Hintergedanken geleitet sind, und daß andererseits der Gutachter, wenn er tatsächlich nach innerer Überzeugung Vorschläge für die Verbesserung der Sicherheit machen wird, letzten Endes Rücksicht auf die geschäftlichen Verhältnisse seines Auftraggebers wird nehmen müssen, und daß er infolgedessen in seinen Entschließungen in der einen oder anderen Hinsicht nicht unbeeinflußt bleibt.

Wenn so auf der einen Seite bei der Begutachtung großer Betriebe durch geschäftliche Unternehmungen die Gefahr vermutet wird, daß die Begutachtung in irgendeiner Form nicht unabhängig von den geschäftlichen Interessen der Feuergerätefabriken und der Feuerlöschindustrie erfolgt, so ist andererseits, wenn die Begutachtung durch eigene Werksangestellte erfolgt, die Gefahr ohne Zweifel vorhanden, daß auch diese in ihren Entschließungen nicht frei sind, und mehr oder minder bei ihren Vorschlägen von den wirtschaftlichen Verhältnissen des Betriebes oder von den persönlichen Ansichten ihrer Vorgesetzten sich beeinflussen lassen. Beide Arten der Begutachtung, sei es durch geschäftliche Unternehmungen auf der einen Seite oder durch eigene Angestellte auf der anderen Seite, werden letzten Endes wohl manches Gute schaffen können, immerhin aber nicht frei von gewissen Rücksichten auf bestehende Verhältnisse ausgeübt werden können. Lediglich die Begutachtung der Fabrikbetriebe von unabhängigen Gutachtern, welche die Betriebe aus eigenen Stücken heranholen, und denen die Betriebe volles Vertrauen entgegenbringen müssen, werden in ihren Auswirkungen einen Erfolg haben unter der Voraussetzung, daß die Betriebe in der Lage sind, die vom Gutachter vorgeschlagenen Maßnahmen durchzuführen und ihre Werksangestellten so zu erziehen, daß der Gedanke der Feuerverhütung ein selbsttätig sich auswirkender im ganzen Betriebe wird. Es muß hier offen zugegeben werden, daß mit gesetzlichen Zwangsmaßnahmen und mit irgendwelchen Verordnungen auf dem Gebiete der Feuerverhütung das, was der moderne Feuerlöschtechniker anstrebt, nicht erreicht werden kann, sondern daß hier Erfolge nur erzielt werden können, wenn die Betriebe aus sich heraus den Wert der Feuerverhütung bis in die letzten Auswirkungen auf wirtschaftlichem und nationalem Gebiete erkennen und unterstützen.

Auf diesem Gebiete weiterzuarbeiten und den Fabrikbetrieben und großen wirtschaftlichen Verbänden immer mehr ins Bewußtsein zu führen, wie wichtig der wissenschaftliche Feuerschutz für Feuerverhütung und Feuerbekämpfung ist, bleibt Aufgabe des modernen wissenschaftlichen Feuerwehringenieurs. Daß er bei der Lösung dieser Aufgabe sich vieler Mittel bedienen muß, um den Feuerschutz eines Betriebes auf der Höhe zu halten, ist selbstverständlich. Erreichen wird er dies Ziel aber nur, wenn er Verständnis für die Eigenarten des von ihm zu bearbeitenden Betriebes hat, und wenn er sich bewußt ist, welche wirtschaftlichen Folgen die von ihm vorgeschlagenen Sicherheitsmaßnahmen unter Umständen für einen Betrieb haben müssen.

Leider wird heutzutage von vielen Feuerwehringenieuren der große Fehler begangen, daß sie wohl geeignete, aber für den Betrieb nur schwer ausführbare Vorschläge zur Verbesserung des Feuerschutzes machen und hierbei auf den berechtigten Widerstand der Betriebsleitungen stoßen, denen die Folgen dieser tief eingreifenden baulichen und technischen Maßnahmen eher gegenwärtig sind als dem Feuerwehringenieur, welcher ohne Rücksicht auf die Betriebsverhältnisse glaubt, seine Maßnahmen zur Durchführung empfehlen zu müssen. Immer wieder sollte dem Feuerwehringenieur klar werden, daß er mit seinen Maßnahmen der Entwicklung und den Bedürfnissen eines Betriebes sich nicht entgegenstellen darf, sondern daß er versuchen muß, den Betriebsverhältnissen, wie er sie findet, und wie er sie sich entwickeln sieht, mit seinen Feuerschutzmaßnahmen gerecht zu werden. Daß er, wenn er auf diese Weise seine Aufgabe richtig auffaßt, den Großbetrieben im geeigneten Falle auch wirtschaftlich ungemein mit seinen Ratschlägen dienen kann, dürfte einleuchtend sein. Als ein Beispiel von vielen braucht hier nur darauf hingewiesen zu werden, daß z. B. wesentliche wirtschaftliche Erfolge direkt und indirekt für einen Betrieb erzielt werden können, wenn der Feuerwehringenieur es durchsetzte, daß ein Betrieb rechtzeitig z. B. mit automatischen Feuermeldern oder Sprinkleranlagen ausgestattet wird, oder wenn die Bereitstellung systematisch verteilter Handfeuerlöscher wenigstens den ersten Feuerschutz ermöglicht.

Bei diesen Fragen muß der Feuerwehringenieur nicht nur reiner Sicherheitstechniker, sondern auch Wirtschaftler sein, und nicht mit Unrecht hat man behauptet, daß die Kenntnisse der wirtschaftlichen Verhältnisse eines Betriebes häufig entscheidender für den Feuerschutzgedanken sein können als die des rein technischen Betriebsvorganges.

Dort, wo der Feuerwehringenieur Hand in Hand mit der Betriebsleitung als wohlmeinender Berater arbeitet und sich berechtigten Einwendungen der Betriebsleitung nicht entzieht, wird auf der anderen Seite auch jeder einsichtige Betrieb dem Grundgedanken der Feuerverhütung volles Verständnis entgegenbringen und bemüht sein, den berechtigten Wünschen des Feuerwehringenieurs wiederum in bezug auf Betriebsgestaltung entgegenzukommen. Für beide Parteien, die nicht gegeneinander, sondern miteinander arbeiten sollen, wird auch hier der Satz gelten: Wo ein Wille ist, da ist auch ein Weg, der zum Ziele führt!

Wenn auf diese Weise die Frage des Feuerschutzes in den großen Betrieben und auch in manchen kleinen Betrieben Verständnis bei den

maßgebenden Betriebsstellen findet, dann wird ohne Zweifel der Feuerschutz gestärkt, und damit das nationale industrielle Vermögen geschützt werden.　Was durch gesetzliche Maßnahmen und starre Verordnungen nicht erreicht werden kann, das wird sich verhältnismäßig
leicht auf Grund gegenseitiger Übereinkünfte und gegenseitigen Ver-
ständnisses zwischen Feuerwehringenieur und Industrie erreichen lassen.
Daß dieser Weg ein langwieriger und schwieriger ist, soll nicht be-
stritten werden, aber wie die Erkenntnis von dem Guten sich überall
langsam Bahn bricht, so wird auch diese Erkenntnis in den Industrie-
kreisen langsam und sicher Boden gewinnen.

Dem modernen Feuerschutztechniker wird die Industrie Verständnis
entgegenbringen, wenn sie erst erkennt, daß der Feuerwehringenieur
den Betrieb nicht einengen, sondern fördern will.